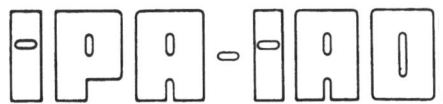

Forschung und Praxis

Band 125

Berichte aus dem
Fraunhofer-Institut für Produktionstechnik
und Automatisierung (IPA), Stuttgart,
Fraunhofer-Institut für Arbeitswirtschaft
und Organisation (IAO), Stuttgart, und
Institut für Industrielle Fertigung und
Fabrikbetrieb der Universität Stuttgart

Herausgeber: H. J. Warnecke und H.-J. Bullinger

Bruno Frankenhauser

Montage von Schläuchen mit Industrierobotern

Mit 63 Abbildungen

**Springer-Verlag
Berlin Heidelberg New York
London Paris Tokyo 1988**

Dipl.-Ing. Bruno Frankenhauser
Fraunhofer-Institut für Produktionstechnik und Automatisierung (IPA), Stuttgart

Dr.-Ing. H. J. Warnecke
o. Professor an der Universität Stuttgart
Fraunhofer-Institut für Produktionstechnik und Automatisierung (IPA), Stuttgart

Dr.-Ing. habil. H.-J. Bullinger
o. Professor an der Universität Stuttgart
Fraunhofer-Institut für Arbeitswirtschaft und Organisation (IAO), Stuttgart

D 93

ISBN-13:978-3-540-50072-8 e-ISBN-13:978-3-642-83554-4
DOI: 10.1007/978-3-642-83554-4

Dieses Werk ist urheberrechtlich geschützt. Die dadurch begründeten Rechte, insbesondere die der Übersetzung, des Nachdrucks, des Vortrags, der Entnahme von Abbildungen und Tabellen, der Funksendung, der Mikroverfilmung oder der Vervielfältigung auf anderen Wegen und der Speicherung in Datenverarbeitungsanlagen, bleiben, auch bei nur auszugsweiser Verwertung, vorbehalten. Eine Vervielfältigung dieses Werkes oder von Teilen dieses Werkes ist auch im Einzelfall nur in den Grenzen der gesetzlichen Bestimmungen des Urheberrechtsgesetzes der Bundesrepublik Deutschland vom 9. September 1965 in der Fassung vom 24. Juni 1985 zulässig. Sie ist grundsätzlich vergütungspflichtig. Zuwiderhandlungen unterliegen den Strafbestimmungen des Urheberrechtsgesetzes.
© Springer-Verlag, Berlin, Heidelberg 1988.

Die Wiedergabe von Gebrauchsnamen, Handelsnamen, Warenbezeichnungen usw. in diesem Werk berechtigt auch ohne besondere Kennzeichnung nicht zu der Annahme, daß solche Namen im Sinne der Warenzeichen- und Markenschutz-Gesetzgebung als frei zu betrachten wären und daher von jedermann benutzt werden dürften.
Sollte in diesem Werk direkt oder indirekt auf Gesetze, Vorschriften oder Richtlinien (z. B. DIN, VDI, VDE) Bezug genommen oder aus ihnen zitiert worden sein, so kann der Verlag keine Gewähr für Richtigkeit, Vollständigkeit oder Aktualität übernehmen. Es empfiehlt sich, gegebenenfalls für die eigenen Arbeiten die vollständigen Vorschriften oder Richtlinien in der jeweils gültigen Fassung hinzuzuziehen.
Gesamtherstellung: Copydruck GmbH, Heimsheim
2362/3020—543210

Geleitwort der Herausgeber

Futuristische Bilder werden heute entworfen:

o Roboter bauen Roboter,

o Breitbandinformationssysteme transferieren riesige Datenmengen in Sekunden um die ganze Welt.

Von der "menschenleeren Fabrik" wird da gesprochen und vom "papierlosen Büro". Wörtlich genommen muß man beides als Utopie bezeichnen, aber der Entwicklungstrend geht sicher zur "automatischen Fertigung" und zum "rechnerunterstützten Büro". Forschung bedarf der Perspektive, Forschung benötigt aber auch die Rückkopplung zur Praxis - insbesondere im Bereich der Produktionstechnik und der Arbeitswissenschaft.

Für eine Industriegesellschaft hat die Produktionstechnik eine Schlüsselstellung. Mechanisierung und Automatisierung haben es uns in den letzten Jahren erlaubt, die Produktivität unserer Wirtschaft ständig zu verbessern. In der Vergangenheit stand dabei die Leistungssteigerung einzelner Maschinen und Verfahren im Vordergrund. Heute wissen wir, daß wir das Zusammenspiel der verschiedenen Unternehmensbereiche stärker beachten müssen. In der Fertigung selbst konzipieren wir flexible Fertigungssysteme, die viele verkettete Einzelmaschinen beinhalten. Dort, wo es Produkt und Produktionsprogramm zulassen, denken wir intensiv über die Verknüpfung von Konstruktion, Arbeitsvorbereitung, Fertigung und Qualitätskontrolle nach. Rechnerunterstützte Informationssysteme helfen dabei und sollen zum CIM (Computer Integrated Manufacturing) führen und CAD (Computer Aided Design) und CAM (Computer Aided Manufacturing) vereinen. Auch die Büroarbeit wird neu durchdacht und mit Hilfe vernetzter Computersysteme teilweise automatisiert und mit den anderen Unternehmensfunktionen verbunden. Information ist zu einem Produktionsfaktor geworden, und die Art und Weise, wie man damit umgeht, wird mit über den Unternehmenserfolg entscheiden.

Der Erfolg in unseren Unternehmen hängt auch in der Zukunft entscheidend von den dort arbeitenden Menschen ab. Rationalisierung und Automatisierung müssen deshalb im Zusammenhang mit Fragen der Arbeitsgestaltung betrieben werden, unter Berücksichtigung der Bedürfnisse der Mitarbeiter und unter Beachtung der erforderlichen Qualifikationen. Investitionen in Maschinen und Anlagen müssen deshalb in der Produktion wie im Büro durch Investitionen in die Qualifikation der Mitarbeiter begleitet werden. Bereits im Planungsstadium müssen Technik, Organisation und Soziales integrativ betrachtet und mit gleichrangigen Gestaltungszielen belegt werden.

Von wissenschaftlicher Seite muß dieses Bemühen durch die Entwicklung von Methoden und Vorgehensweisen zur systematischen Analyse und Verbesserung des Systems Produktionsbetrieb einschließlich der erforderlichen Dienstleistungsfunktionen unterstützt werden. Die Ingenieure sind hier gefordert, in enger Zusammenarbeit mit anderen Disziplinen, z. B. der Informatik, der Wirtschaftswissenschaften und der Arbeitswissenschaft, Lösungen zu erarbeiten, die den veränderten Randbedingungen Rechnung tragen.

Beispielhaft sei hier an den großen Bereich der Informationsverarbeitung im Betrieb erinnert, der von der Angebotserstellung über Konstruktion und Arbeitsvorbereitung, bis hin zur Fertigungssteuerung und Qualitätskontrolle reicht. Beim Materialfluß geht es um die richtige Auswahl und den Einsatz von Fördermitteln sowie Anordnung und Ausstattung von Lagern. Große Aufmerksamkeit wird in nächster Zukunft auch der weiteren Automatisierung der Handhabung von Werkstücken und Werkzeugen sowie der Montage von Produkten geschenkt werden.

Von der Forschung muß in diesem Zusammenhang ein Beitrag zum Einsatz fortschrittlicher intelligenter Computersysteme erfolgen. Planungsprozesse müssen durch Softwaresysteme unterstützt und Arbeitsbedingungen wissenschaftlich analysiert und neu gestaltet werden.

Die von den Herausgebern geleiteten Institute, das

- Institut für Industrielle Fertigung und Fabrikbetrieb der Universität Stuttgart (IFF),

- Fraunhofer-Institut für Produktionstechnik und Automatisierung (IPA),

- Fraunhofer-Institut für Arbeitswirtschaft und Organisation (IAO)

arbeiten in grundlegender und angewandter Forschung intensiv an den oben aufgezeigten Entwicklungen mit. Die Ausstattung der Labors und die Qualifikation der Mitarbeiter haben bereits in der Vergangenheit zu Forschungsergebnissen geführt, die für die Praxis von großem Wert waren. Zur Umsetzung gewonnener Erkenntnisse wird die Schriftenreihe "IPA-IAO - Forschung und Praxis" herausgegeben. Der vorliegende Band setzt diese Reihe fort. Eine Übersicht über bisher erschienene Titel wird am Schluß dieses Buches gegeben.

Dem Verfasser sei für die geleistete Arbeit gedankt, dem Springer-Verlag für die Aufnahme dieser Schriftenreihe in seine Angebotspalette und der Druckerei für saubere und zügige Ausführung. Möge das Buch von der Fachwelt gut aufgenommen werden.

H. J. Warnecke · H.-J. Bullinger

Vorwort

Die vorliegende Arbeit entstand während meiner Tätigkeit als wissenschaftlicher Mitarbeiter am Fraunhofer-Institut für Produktionstechnik und Automatisierung (IPA), Stuttgart.

Mein besonderer Dank gilt dem Leiter des Instituts, Herrn Prof. Dr.-Ing. H.J. Warnecke, für seine großzügige Unterstützung und Förderung, die entscheidend zur erfolgreichen Durchführung dieser Arbeit beigetragen haben.

Herrn Prof. Dr.-Ing G. Pritschow danke ich für die Übernahme des Mitberichts und für die vielen wertvollen Hinweise, die sich daraus ergaben.

Aus dem großen Kreis der Kollegen und Kolleginnen des Instituts, die mich durch ihre Mitarbeit und anregende Kritik unterstützt haben, möchte ich Dipl.-Ing. T. Weisener, Dipl.-Ing. G. Schlaich, Herrn H. Dreher, Herrn N. Lay, Dr.-Ing. M. Schweizer sowie Prof. Dr.-Ing. R. D. Schraft besonders erwähnen. Ihnen allen ebenso wie den Studenten, die an dieser Arbeit mitgewirkt haben, gilt mein besonderer Dank.

Göppingen, im Mai 1988   Bruno Frankenhauser

INHALTSVERZEICHNIS   Seite

0	Abkürzungen und Formelzeichen	13
1	Einleitung	18
1.1	Problemstellung	18
1.2	Zielsetzung und Vorgehensweise	19
2	Stand der Technik	21
2.1	Begriffe und Definitionen	22
2.2	Automatische Montage biegeschlaffer Teile	23
3	Analyse an Montagearbeitsplätzen und Ableitung von Anforderungen an ein programmierbares Montagesystem für Schläuche	26
3.1	Analyse an Montagearbeitsplätzen	26
3.1.1	Analyse der Fügeteilgeometrie	26
3.1.2	Analyse der Basisteilgeometrie	31
3.1.3	Montageaufgaben	32
3.1.4	Ist-Zustand-Analyse der Toleranzbereiche	33
3.1.5	Automatisierungshemmnisse	34
3.1.6	Ableitung von Untersuchungs- und Entwicklungsschwerpunkten für die flexible automatische Montage von Schläuchen	36
3.2	Anforderungen an eine flexibel automatisierte Montagestation für Schläuche	37
3.2.1	Definitionen und Teilfunktionen einer Montagestation	37
3.2.2	Anforderungen an das Gesamtsystem	38
3.2.3	Anforderungen an Teilsysteme	38
3.2.3.1	Industrieroboter	39

3.2.3.2	Systeme zum Toleranzausgleich	40
3.2.3.3	Greifer	40
3.2.3.4	Bereitstelleinrichtungen	42
4	<u>Theorie des Füge- und Greifprozesses</u>	43
4.1	Theorie des Fügeprozesses	43
4.2	Theorie des Greifprozesses	48
4.3	Einflüsse auf den Montageprozeß durch das Werkstoffverhalten	49
4.4	Einflußparameter auf den Montageprozeß von Schläuchen	50
5	<u>Konzeption von Teilsystemen eines automatisierten Montagesystems für Schläuche und Integration zu Gesamtsystemen</u>	52
5.1	Greifsystem	52
5.1.1	Greifen unterschiedlicher Schlauchgeometrien bzw. Schlauchvarianten	52
5.1.2	Greifen mehrerer Schlauchenden	53
5.2	Fügesystem	56
5.3	Integration zu Gesamtsystemen	58
6	<u>Experimentelle Untersuchung der quantitativen und qualitativen Abhängigkeiten und Berechnung ausgewählter Montageparameter</u>	60
6.1	Versuchsaufbau	60
6.2	Untersuchung der Einflüsse ausgewählter Fügeparameter	61
6.2.1	Fügegeschwindigkeit	62
6.2.2	Basisteilgeometrie	63
6.2.3	Schmiermittel	64
6.2.4	Temperatur	65
6.2.5	Freie Länge	65
6.2.6	Fügeteilgeometrie und Fügeteilwerkstoff	66

6.3	Untersuchung der Einflüsse ausgewählter Greifparameter	67
6.3.1	Zusammenhang zwischen Verformungsgrad des Öffnungsquerschnitts, Greifkraft und freier Länge	68
6.3.2	Zusammenhang zwischen Greifkraft und übertragbarer Fügekraft	70
6.3.3	Vergleichende Gegenüberstellung	73
6.4	Berechnung von Montageparametern und Simulation des Montageprozesses	74
6.4.1	Berechnung ausgewählter Montageparameter mit Hilfe von analytischen Rechenformeln	74
6.4.1.1	Ermittlung der Fügekraft	74
6.4.1.2	Abschätzung der freien Länge	81
6.4.2	Berechnung ausgewählter Montageparameter und Simulation des Montageprozesses mit Hilfe der Finite-Elemente-Methode	81
6.4.2.1	Berechnung der Fügekraft	82
6.4.2.2	Berechnung der benötigten Greifkraft	82
6.4.2.3	Stauchung der Schlauchschale während des Fügeprozesses	83
6.4.2.4	Berechnung von Montageparametern bei asymmetrischen Montagevorgängen	85
6.4.2.5	Simulation des Montagevorganges	86
6.4.3	Vergleich von Finiter-Elemente-Rechnung, analytischer Berechnung und Versuch	87
7	**Entwicklung von Methoden zum Toleranzausgleich**	89
7.1	Methode des passiven Toleranzausgleichs	90
7.1.1	Ausgleich mit Hilfe von Elementen definierter Nachgiebigkeit	90
7.2	Fügestrategien für den Toleranzausgleich	93
7.2.1	Geometrische Einflußparameter	101
7.2.1.1	Greifzone	101

7.2.1.2	Einfluß der Fügeteilstabilität	102
7.2.1.3	Basisteilgeometrie	104
7.2.2	Technologische Einflußgrößen	105
7.2.2.1	Werkstoff	105
7.2.2.2	Fügegeschwindigkeit (Fügezeit)	107
7.2.2.3	Fügekraft	109
7.2.3	Einsatz technologischer Hilfen zum Toleranzausgleich	112
7.2.4	Vergleichende Gegenüberstellung der untersuchten Fügestrategien	113
8	**Erprobung im Gesamtsystem**	115
8.1	Aufbau der Montageversuchszelle	116
8.1.1	Gesamtaufbau	116
8.1.2	Teilsysteme	118
8.1.2.1	Bereitstelleinrichtung für die Fügeteile	118
8.1.2.2	Greifer für Fügeteile	118
8.1.2.3	Handhabungssysteme	123
8.1.2.4	Erkennungssystem für Fügeteile mit mehreren Fügeenden	123
8.2	Funktionsablauf der Versuchsanlage	124
8.3	Versuchsergebnisse	125
8.3.1	Montagezeiten	125
8.3.2	Fügestrategien, Fügekräfte und -momente	128
8.4	Folgerungen aus den Versuchen	129
9	**Zusammenfassung und Ausblick**	130
10	**Schrifttum**	133

0 Abkürzungen und Formelzeichen

Großbuchstaben

A	–	Basisteilgeometrie A
A_G	mm^2	Kontaktfläche zwischen Greiferbacken und Fügeteil
A_k	mm^2	Kontaktfläche zwischen Basis- und Fügeteil
An	–	Anlaufbereich
B	–	Basisteilgeometrie B
BD	–	Besonderheiten Dichtwulst
Dg	–	Fügebereichsgeometrie
DMS	–	Dehnmeßstreifen
$E_{B,F}$	N/mm^2	Elastizitätsmodul Basisteil, Fügeteil
El	–	Elastomer
El-t	–	Elastomer mit Textilverstärkung
El-u	–	Elastomer umhüllt
EPDM	–	Äthylen-Propylen-Kautschuk
F_{Adh}	N	Adhäsionskraft
F_{auf}	N	Aufweitkraft in tangentialer Richtung
F_{Def}	N	Deformationskraft
F_F	N	resultierende Fügekraft
F_{Fk}	N	korrigierte berechnete Fügekraft
F_{Fx}	N	Fügekraft in x-Richtung
F_{Fy}	N	Fügekraft in y-Richtung
F_{Fz}	N	Fügekraft in z-Richtung
F_G	N	Greifkraft
F_K	N	Fügekraft, die durch Kraftschluß übertragen wird

F_{Form}	N	Fügekraft, die durch Formschluß übertragen wird
F_R	N	Reibkraft
F_r	N	Radialkraft
FS	-	Fügestrategie
$F_{x,y,z}$	N	Kraftmeßbereich in x-, y- und z-Richtung
G	mm	Hub des Greifers
H	mm	Breite Dichtwulst (Konuslänge)
I	-	Schlauchform I
I_y	mm^4	Flächenträgheitsmoment
K	-	Schlauchform K
K_{ges}	-	gesamter Korrekturwert
K_1	-	Korrekturfaktor für Fügeteildurchmesser
K_2	-	Korrekturfaktor für Schmiermittel
K_3	-	Korrekturfaktor für Fügegeschwindigkeit
K_4	-	Korrekturfaktor für Temperatur
L	-	Schlauchform L
M	-	Verhältniszahl
$M_{x,y,z}$	-	Momentenmeßbereich um die x-, y-, z-Achse
N, P	-	Verhältniszahlen
PVC	-	Polyvenylchlorid
PVC-t	-	Polyvenylchlorid mit Textilverstärkung
R	mm	Radius des runden Dichtwulstes
S	-	Schlauchform S
S_F	-	Sicherheitsbeiwert
T	-	Thermoplast
TKF	-	Toleranzkompensationsfeld

T-t	-	Thermoplast mit Textilverstärkung
U	mm	Umfang nach der Verformung
U_0	mm	Umfang vor der Verformung
U_s	V	Schlupfspannungswert

Kleinbuchstaben

b	-	Funktionswert des Tangens von β
b_G	mm	Greiferbackenbreite
c_{ges}	N/mm	gesamte Nachgiebigkeit
c_G	N/mm	Nachgiebigkeit des Greifers mit Greiferbackenwechselsystem und Greiferbacken
c_{GA}	N/mm	Nachgiebigkeit der Greiferaufhängung
c_{GW}	N/mm	Nachgiebigkeit des Greiferwechselsystems
c_F	N/mm	Nachgiebigkeit des Fügeteils
c_{IR}	N/mm	Nachgiebigkeit des Industrieroboters
$c_{x,y}$	N/mm	Nachgiebigkeit in x-, y-Richtung
d_{aB}	mm	maximaler Außendurchmesser Basisteil
d_{aBm}	mm	minimaler Außendurchmesser Basisteil
d_{aF}	mm	Außendurchmesser Fügeteil
d_{iF}	mm	Innendurchmesser Fügeteil
dim	-	dimensional
d_{imb}	mm	minimaler Schlauchinnendurchmesser
d(x)	mm	verformter Fügeteilinnendurchmesser in Abhängigkeit von x
$e_{x,y,z}$	mm	Exzentrizität in x-, y-, z-Richtung
g	-	gerade

hw	-	Halbwulst
l	mm	Länge der ersten geeigneten Greifzone
k	-	konisch
ka	-	kein Anlaufbereich
l_A	mm	freie Länge
l_{Akr}	mm	kritische freie Länge
m_{IR}	-	Anzahl der kinematischen Freiheitsgrade des Industrieroboters
m_S	-	Anzahl der kinematischen Freiheitsgrade der Fügestrategie
mw	-	Mehrfachwulst
p_F	N/mm^2	Pressung zwischen Füge- und Basisteil
p_G	N/mm^2	Pressung zwischen Fügeteil und Greifer
r	-	rund
s_F	mm	Wanddicke Fügeteil
t_{ab}	s	Vorgangszeit der Abschlußphase
t_{ES}	s	Erkennungszeit für ein Fügeteilende
t_F	s	Taktzeit des Fügevorgangs
t_{FS}	s	Fügezeit für ein Fügeteilende
t_G	s	Greifzeit (pro Hub)
t_{ges}	s	gesamte Taktzeit
t_{GW}	s	Greiferbackenwechselzeit
t_{ori}	s	Vorgangszeit der Orientierungsphase
t_{stab}	s	Vorgangszeit der Stabilisierungsphase
v_F	mm/s	Fügegeschwindigkeit
v_{IR}	mm/s	Industrierobotergeschwindigkeit
wv	-	Wulst versetzt
x_F	mm	Fügeweg

Griechische Buchstaben

α	°	Winkelfehler zwischen Füge- und Basisteil
β	°	Steigung der Basisteilgeometrie
Δs	mm	Federweg s
ε_a	%	axiale Dehnung
ρ	°	Reibungswinkel
μ	-	Gleitreibungskoeffizient
$\phi_{\ddot{o}}$	-	Verformungsgrad
σ_r	N/mm²	Spannung in radialer Richtung
σ_t	N/mm²	Spannung in tangentialer Richtung
φ	°	Winkel zwischen Fügequerschnitts- und Greifquerschnittsachse
ν	-	Querkontraktionszahl
ψ	°	Winkel zwischen Fügequerschnittsachse und Basisteilachse
ω	°/s	Winkelgeschwindigkeit

Häufig eingesetze Indizes

a	außen
B	Basisteil
F	Fügeteil
i	innen
IR	Industrieroboter

1 Einleitung

1.1 Problemstellung

In der Produktion gilt heute der Montagebereich nach einer 1983 durchgeführten Studie /1/ als Schwerpunkt zukünftiger Rationalisierungsmaßnahmen. Dabei werden große Rationalisierungspotentiale durch eine flexible Automatisierung von Montagevorgängen erwartet, da in vielen Industriezweigen teilweise bis zu 50 % der Herstellkosten eines Produktes auf die Montage entfallen /2/. Daß die Industrie die Bedeutung der Automatisierung der Montage sehr hoch einschätzt, geht daraus hervor, daß in den nächsten Jahren ungefähr 15 % der betrieblichen Investitionen für die Automatisierung der Montage aufgewendet werden sollen /1/. Dies wird auch durch die steigende Varianten- und Typenvielfalt der Produkte und kürzere Produktlebensdauern bedingt.

Bis Ende 1986 wurden in der Bundesrepublik Deutschland von insgesamt 12 400 installierten Industrierobotern erst 1 658 Industrieroboter in der Montage eingesetzt /3/. Nach einer Prognose soll die in der Bundesrepublik Deutschland eingesetzte Zahl der Montageroboter bis 1992 auf ungefähr 10 000 steigen /1/. Firmen wie General Motors rechnen 1990 mit 5 000 eingesetzten Industrierobotern /4/.

In der Automobilindustrie besteht heute in der Vormontage ein Automatisierungsgrad von 25 %, während er in der Endmontage 5 % bis 10 % beträgt (vgl. hierzu: Rohbau 65 % bis 70 %) /5/. Der geringe Automatisierungsgrad der Montage im Automobilbereich hat u.a. folgende Gründe /6,7,8/:

- große Varianten- und Typenvielfalt,
- komplexe Montagevorgänge,

- großvolumige Bauteile mit undefinierter Geometrie,
- mangelnde sensorische Fähigkeiten der Montageautomaten,
- fehlende montagegerechte Produktgestaltung.

Im Bereich der Fügetechnik starrer Körper wurden ebenfalls bisher nur vereinzelt Untersuchungen vorgenommen /9,10,11/.

Im Bereich der Montage biegeschlaffer Teile ergaben sich folgende Defizite:

- wissenschaftliche Grundlagen über komplizierte Fügevorgänge, wie sie beim Montieren biegeschlaffer Teile auftreten, fehlen;
- die Handhabung und das Fügen biegeschlaffer Teile (Gummidichtungen, Schläuche, Kabel etc.) sind bisher nicht gelöst.

Zur Montage biegeschlaffer Teile wurden bisher nur einige wenige Pilotanwendungen in der industriellen Produktion aufgebaut /12,13,14/.

1.2 Zielsetzung und Vorgehensweise

Für die Handhabung und die automatische Montage von Schläuchen bestehen bisher noch keine wissenschaftlichen Grundlagen und Lösungsansätze /8/. Es besteht hier ein Defizit an grundlegenden Erkenntnissen über die bestehenden montagetechnischen Automatisierungshemmnisse und über Lösungsansätze zu ihrer Beseitigung. Es sollen deshalb in dieser Arbeit systematisch Grundlagen über die handhabungs- und montagetechnischen Eigenschaften der Werkstücke und über die Möglichkeiten, Voraussetzungen und Grenzen der Montage von Schläuchen mit Industrierobotern erarbeitet werden.

Ausgehend von einer Analyse des Werkstückspektrums und des Ist-Zustandes der Montage in unterschiedlichen Branchen werden die für die Montage von Schläuchen charakteristischen Montageparameter und Montageaufgaben ermittelt. Aus den daraus gewonnenen Ergebnissen werden die Untersuchungsschwerpunkte abgeleitet. Dabei werden in einem ersten Schritt die den Montageprozeß beeinflussenden Montageparameter quantitativ und qualitativ auf einem dafür errichteten Versuchsstand untersucht und ihre Zusammenhänge dargestellt. Anschließend werden systematisch Verfahren zur Berechnung der wichtigsten Montageparameter entwickelt, um die optimale Auslegung der Montagestationen bzw. deren Teilsysteme zu ermöglichen.

Zum Ausgleich großer Toleranzen sollen mehrere passive Verfahren entwickelt, erprobt und vergleichend gegenübergestellt werden. Es werden die Einsatzgrenzen der für den Toleranzausgleich infragekommenden Verfahren aufgezeigt.

Ausgehend von den Ergebnissen der Ist-Zustandsanalyse werden die theoretischen Grundlagen des Fügeprozesses und daraus die Anforderungen an Lösungskonzepte für flexibel automatisierte Montagestationen und deren Teilsysteme aufgezeigt. Mit Hilfe einer Pilotmontagestation wird die Tauglichkeit der entwickelten Verfahren an typischen Montageaufgaben nachgewiesen.

Ziel der Arbeit ist es, systematisch Grundlagen für den industriellen Einsatz von Industrierobotern für die flexibel automatisierte Montage von Schläuchen zu schaffen.

2 Stand der Technik

2.1 Begriffe und Definition

Die Begriffe Montage, Fügen und Industrieroboter sind in der VDI-Richtlinie 2860 /17/ und der DIN 8593 /18/ beschrieben. Die Begriffe Bereitstellen, Zuführen und Werkstücktyp werden in /15/ definiert.

Die Begriffe Fügebewegung, Fügeteil, Basisteil, Fügeort, Fügelage, Fügeraum und Fügetoleranz werden in /16/ hinreichend definiert. Die Begriffe Exzentrizität und Winkelfehler werden in /19/ erklärt.

Im folgenden werden ausschließlich Begriffe erläutert, die in Zusammenhang mit Montagevorgängen von biegeschlaffen Teilen stehen. Die Definitionen erfolgen anhand von Bild 1.

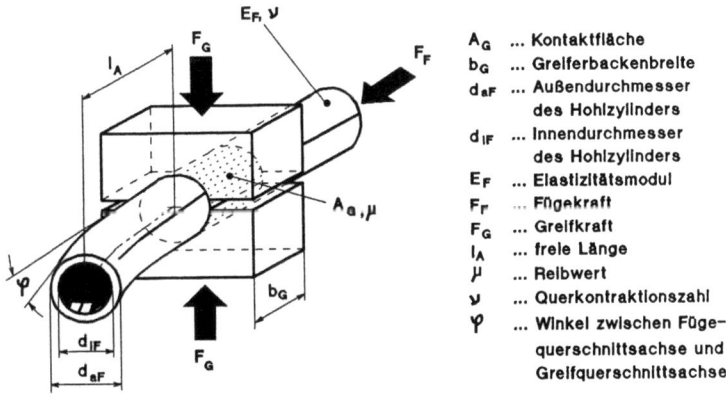

A_G ... Kontaktfläche
b_G ... Greiferbackenbreite
d_{aF} ... Außendurchmesser des Hohlzylinders
d_{IF} ... Innendurchmesser des Hohlzylinders
E_F ... Elastizitätsmodul
F_F ... Fügekraft
F_G ... Greifkraft
l_A ... freie Länge
μ ... Reibwert
ν ... Querkontraktionszahl
φ ... Winkel zwischen Fügequerschnittsachse und Greifquerschnittsachse

Bild 1: Definitionen von Begriffen bei der Montage von Schläuchen

Fügequerschnitt

Der Fügequerschnitt beschreibt den Querschnitt des Fügeteils an dem der Fügevorgang beginnt (d.h. den Anfang des Schlauches).

Freie Länge

Die freie Länge ist die Strecke zwischen der Fügeteilzone, an dem die Greiferbacken angreifen und dem Mittelpunkt des Fügequerschnitts.

Verformungsgrad

Der Verformungsgrad beschreibt die Veränderung des Fügequerschnitts durch die Greifkraft.

Kontaktfläche

Die Kontaktfläche ist die wirksame Fläche der Greiferbacken, die mit dem Fügeteil in unmittelbarem Kontakt stehen.

Pressungsverhältnis

Das Pressungsverhältnis gibt den Quotienten aus dem maximalen Außendurchmesser des Basisteils und dem minimalen Innendurchmesser des Fügeteils wieder.

Fügestrategie

Unter Fügestrategie versteht man die Gesamtheit aller Fügebewegungen und Hilfsfunktionen, die zur erfolgreichen Durchführung eines Fügevorganges notwendig sind.

Greifraum

Die Zugänglichkeit zum Fügeteil wird beschrieben durch den Greifraum, der durch Werkstückträger, Peripherie oder andere Elemente begrenzt wird und in dem das Fügeteil gegriffen werden kann.

Greiferbewegungsraum

Der Greiferbewegungsraum ist der Teil des Greifraumes, in dem der Greifer bzw. die Greiferbacken während des Greifvorganges bewegt werden.

Greifflächenquerschnitt

Der Greifflächenquerschnitt ist der reale Querschnitt des Fügeteils zwischen den Greiferbacken.

Fügequerschnittachse

Die Fügequerschnittachse steht senkrecht zum Fügequerschnitt und geht durch dessen Mittelpunkt.

Greifquerschnittachse

Die Greifquerschnittachse steht senkrecht zum Greifflächenquerschnitt und geht durch dessen Mittelpunkt.

2.2   Automatische Montage biegeschlaffer Teile

Biegeschlaffe Teile wurden bisher noch als nicht automatisch montierbar, selbst bei Gestaltung unter montagegerechten Gesichtspunkten, angesehen /20/. Bisher fehlen dazu die wissenschaftlichen Grundlagen bzw. Erkenntnisse, auf die zur Konzeption von Montagestationen zurückgegriffen werden kann /8/.

Auf dem Gebiet der automatischen Montage von Schläuchen mit Industrierobotern sind bisher nur wenige Veröffentlichungen bekannt /21, 22/. Es wurde ein Versuchsstand zum Fügen von Schläuchen mit Industrierobotern bei medizinischen Geräten aufgebaut. Der aufgebaute Versuchsstand erlaubt keine flexible Automatisierung. Eine andere automatisierte Montagestation wird in /23/ vorgestellt. Die Fügeoperation wird dabei aber durch eine Einzweckeinrichtung ausgeführt, der Fügeprozeß durch Erwärmung der Fügeteile unterstützt.

Erste Ansätze zur automatischen Montage von Folien und langgestreckten Dichtungsprofilen mit Hilfe von Industrierobotern wurden in /24, 25/ behandelt. Zur Entwicklung des Fügewerkzeuges für Türdichtungen wird ein CAD-System eingesetzt. Verformungen, die beim Fügevorgang auftreten, werden mit Hilfe eines Finite-Elemente-Programms dargestellt.

In /26/ wird ein Pilotsystem zur Montage von Dichtungen vorgestellt. Es werden mit Hilfe eines Sauggreifers Flachdichtungen montiert. Der Fügevorgang wird mit Hilfe eines Bildverarbeitungssystems überwacht und ggf. korrigiert.

In /27/ wird ein komplettes Montagesystem und seine Teilkomponenten zur Montage von Kabelbäumen entwickelt. Es werden außerdem Grundlagenversuche zur Verlegetechnik mit Kabeln und zum Einpressen von Kabeln in Schneidklemmverbinder durchgeführt. Außerdem wird eine Planungssystematik für Montagesysteme vorgestellt. Verfahren zur Montage von Kabeln bzw. von angeschlagenen Kontakten werden in /28/ entwickelt. Dabei werden Fügeverfahren mit Hilfe von Schwingungsunterstützung bzw. optischer und taktiler Sensoren untersucht.

Die bestehenden Entwicklungen und Untersuchungen sind folgendermaßen gekennzeichnet:

- Die Montage von Schläuchen ist bisher nicht gelöst (es

sind sowohl die Automatisierungshemmnisse als auch die prinzipiellen Montageaufgaben nicht bekannt).
- Die bisherigen Untersuchungen und die daraus gewonnenen Erkenntnisse beziehen sich auf die Montage von Dichtungen, Kabeln und Folien; Sie lassen sich auf die Montage von Schläuchen nicht übertragen, da sie einige besondere Aufgabenstellungen herausgreifen und behandeln.
- Es fehlen grundsätzlich wissenschaftlich fundierte Untersuchungen über Einflüsse und Randbedingungen auf den Montagevorgang von Schläuchen.
- Es fehlen Anforderungen an ein zu konzipierendes Montagesystem und seine Komponenten für Schläuche.
- Bisherige Entwicklungen zeigen einen hohen Grad an Einzweckautomatisierung (Greifer, Werkzeuge). Die verwendeten Komponenten sind grundsätzlich auf die jeweiligen Entwicklungen zugeschnitten. Universelle Lösungsansätze fehlen völlig.
- Konzepte für ein automatisches Montagesystem mit Industrierobotern und seine Teilkomponenten für unterschiedliche Montageaufgaben bei Schläuchen fehlen.
- Eine Vorgehensweise zur Planung von Montagestationen zum Fügen von Schläuchen mit Industrierobotern ist nicht vorhanden. Weiterhin gibt es keine Hilfsmittel zur Auslegung der Montagestationen und deren Teilsysteme.

Erste eigene Untersuchungen zur Montage von Schläuchen wurden in /29, 30, 31, 32/ vorgestellt. Darin werden Ansätze zur Montageautomatisierung biegeschlaffer Teile (hier besonders am Beispiel von Schläuchen) entwickelt und erste eigene beispielhafte Versuchsaufbauten dargestellt. Zur Ermittlung ausgewählter Montageparameter (beispielsweise der Fügekraft) und zur Simulation des Montagevorganges wurde die Finite-Elemente-Methode eingesetzt.

3   Analyse an Montagearbeitsplätzen und Ab-
        leitung von Anforderungen an ein program-
        mierbares Montagesystem für Schläuche

3.1   Analyse an Montagearbeitsplätzen

Nach dem statistischen Jahrbuch 1986 /33/ und daraus folgenden Hochrechnungen werden die meisten Schläuche in folgenden Branchen montiert:

- Automobil- und Automobilzulieferindustrie (ungefähr 130 Millionen Schläuche pro Jahr),
- Weiße Ware Industrie (z.B. Waschmaschinen, Spülmaschinen (ungefähr 45 Millionen Schläuche pro Jahr)).

Zur Ermittlung der wichtigsten Daten bei der Montage von Schläuchen wurden an 22 unterschiedlichen Personenkraftwagen und 18 Spül- und Waschmaschinen unterschiedlicher Marken Fallstudien durchgeführt. Außerdem wurden in fünf Firmen aus zwei Branchen die manuellen Montagearbeitsplätze, an denen Schläuche montiert werden, analysiert. Dabei wurde Wert darauf gelegt, übertragbare und repräsentative Problemstellungen zu erhalten. Die Analyse erfolgte mit Hilfe von Erhebungsinstrumentarien (abgeleitet aus /34/). Im einzelnen wurden bei der Analyse drei Schwerpunkte betrachtet:

- Montageteilespektrum (Füge- und Basisteile),
- Montageaufgaben,
- Randbedingungen.

3.1.1   Analyse der Fügeteilgeometrie

Bei der Analyse wurden 358 Fügeteile und 68 Basisteile aus der Automobilindustrie und 68 Füge- und 53 Basisteile aus dem Bereich der Weißen Ware (Spül- und Waschmaschinen) untersucht. Während die Schläuche aus dem Automobilbereich meistens Formschläuche (in einer Form vulkanisiert) sind, werden im Bereich der Weißen Ware meist endlose Schläuche, die auf Trommeln aufgewickelt sind, verwendet. Vor der Montage werden sie je nach geforderter Länge vorkonfektioniert. Nach ihrer Form und ihrer Ausdehnung können alle behandelten Schläuche in vier Klassen eingeteilt werden (Bild 2).

	Schlauchklassifizierung			
	I	L	S	K
Bild				
Unterscheidungsmerkmale	● alle Werkstoffe ● 1-dim ● Meterware ● keine Krümmung ● hochfeste Schläuche	● vulkanisierbarer Werkstoff ● eben ● 2-dim ● Formschlauch ● 1 Krümmung	● vulkanisierbarer Werkstoff ● räumlich ● 2 1/2-dim ● Formschlauch ● 2 große Krümmungsradien	● vulkanisierbarer Werkstoff ● räumlich ● 3-dim Erstreckung ● Formschlauch ● Zahl der großen Krümmungsradien > 2 ● Zahl der freien Enden ≥ 2
	I ... Schlauchform I, L ... Schlauchform L, S ... Schlauchform S, K ... Schlauchform K dim ... Dimension			

Bild 2: Klassifizierung von Schläuchen

Im Bereich der Weißen Ware werden überwiegend Schläuche der I-Form verwendet, während im Bereich der Automobilindustrie alle Formvarianten eingesetzt werden.

Vulkanisierte Schläuche kommen in großer Variantenzahl vor. Dabei ist zu sehen, daß bei der Montage an einer Baugruppe oder einem Endprodukt (z.B. Motor) fast keine gleichen Schläuche (in Bezug auf Form und Durchmesser) verwendet werden.

Bei der Auswertung der Durchmesser der Schläuche wurde die Einteilung nach DIN 73411 /35/ vorgenommen. Dabei zeigt sich, daß im Automobilsektor vornehmlich Innendurchmesser bis 50 mm und Wandstärken zwischen 3 mm und 6 mm vorkommen, während im Bereich der Weißen Ware vornehmlich Innendurchmesser im Bereich bis 18 mm und Wandstärken zwischen 1 mm und 3 mm verwendet werden. Die Ergebnisse sind in Bild 3 zusammengefaßt.

Als wichtigste Fügeteilwerkstoffe wurden ermittelt:

- Thermoplast (z.B. PVC),
- Thermoplast mit Textilverstärkung (z.B. PVC armiert),

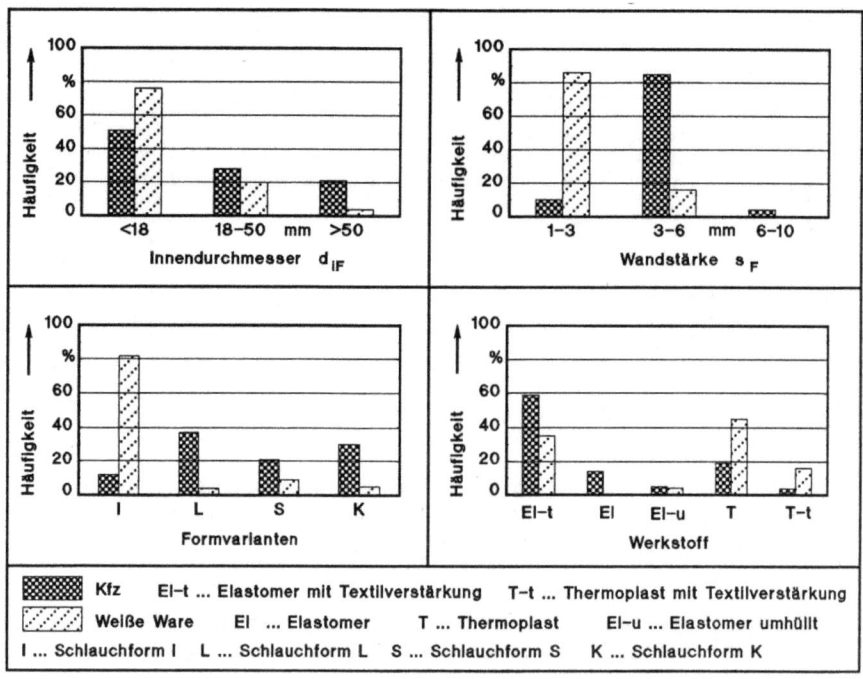

Bild 3: Werkstückanalyse

- Elastomer mit Textilverstärkung (z.B. Gummi armiert),
- Elastomer umhüllt.

Ein sehr wichtiges Automatisierungshemmnis ist die geringe Maßhaltigkeit der Teile. Das Untersuchungsergebnis ist in Bild 4 dargestellt.

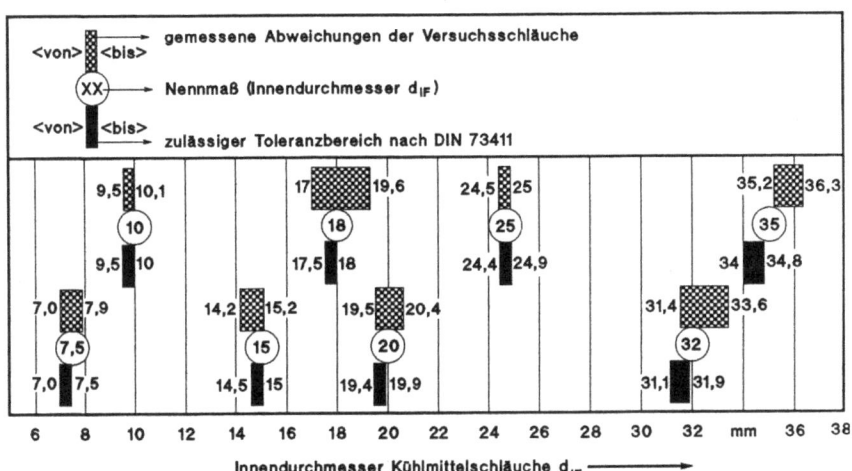

Bild 4: Analyse der Werkstücktoleranzen

Es wurden dabei die zulässigen Toleranzen nach DIN 73411 und die ermittelten Abweichungen verglichen. Dabei zeigt es sich, daß je nach Durchmesserbereich am Außen- und Innendurchmesser Toleranzen über 2 mm auftraten (d.h. auch die zulässigen Toleranzen erheblich überschritten wurden). Die Längen der Schläuche differierten je nach Gesamtlänge zwischen 2 mm und 3 mm.

Formschläuche haben außerdem weitere geometrische Eigenschaften, die den Fügeprozeß wesentlich beeinflussen. Das sind zum einen die Lage und die Geometrie der möglichen Greifzonen (die Flächen am Fügeteil, an denen der Greifer das Werkstück spannen kann), zum anderen geometrische Formen wie Absätze, die den Greiferbacken zum Abstützen der auftretenden Fügereaktionskräfte und -momente dienen. Es zeigt sich, daß bei 65 % aller untersuchten Schläuche Fügequerschnittachse und Greiferquerschnittachse übereinstimmen. Die Länge der ersten geeigneten Greifzone, d.h. vom Fügequerschnitt an gerechnet, beträgt bei 54 % aller Schläuche mehr als den 2-fachen Außendurchmesser d_{aF} (Bild 5).

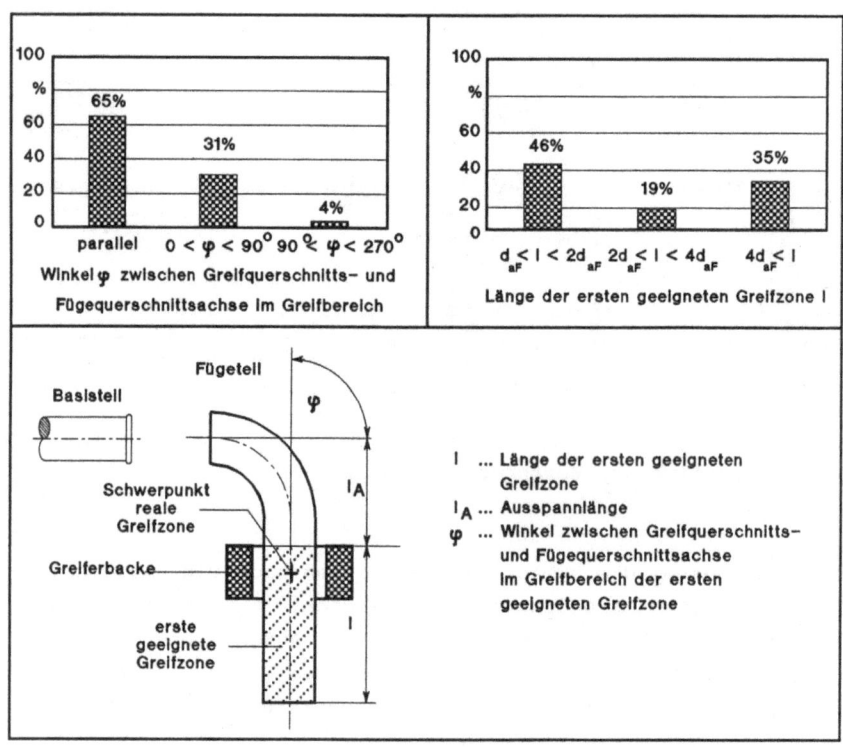

Bild 5: Werkstückanalyse in Bezug auf Greifmöglichkeiten

3.1.2 Analyse der Basisteilgeometrie

Alle Basisteilformen werden grundsätzlich aus 3 Grundelementen zusammengesetzt:

- konische Geometrieelemente,
- runde Geometrieelemente,
- gerade Geometrieelemente.

Alle Basisteile können mit dem in Bild 6 dargestellten Klassifizierungsschlüssel beschrieben werden.

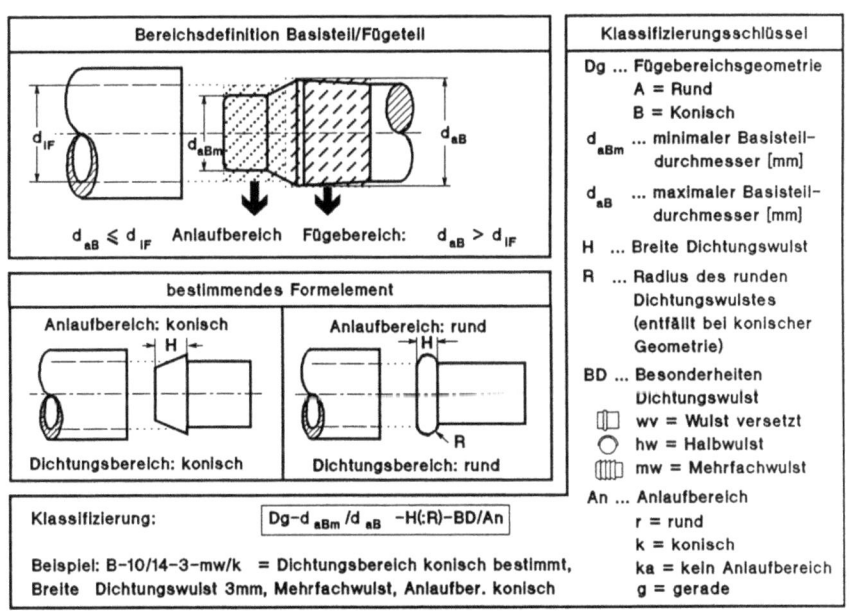

Bild 6: Klassifizierung der Basisteilform

3.1.3 Montageaufgaben

Die Montageaufgaben bei Schläuchen umfassen folgende Einzelfaktoren:

- Fügerichtung,
- Pressungsverhältnis,
- Fügeraum,
- Zahl der zu montierenden Fügestellen.

Die wichtigsten Ergebnisse zeigt Bild 7. Bei 52 % bzw. 84 % aller Fügeaufgaben wird in der x - y Ebene montiert.

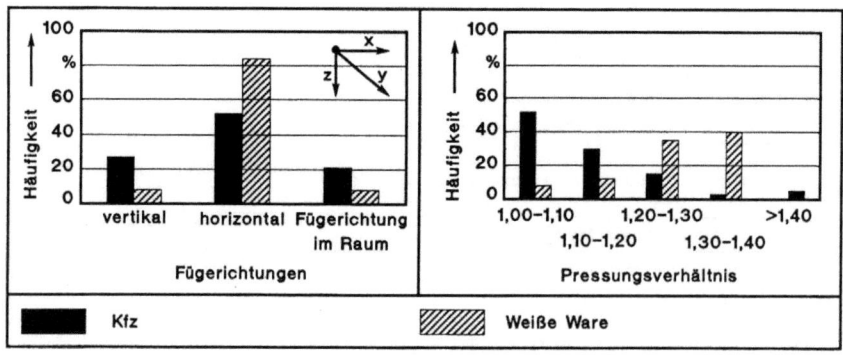

Bild 7: Analyse von Pressungsverhältnis und Fügerichtung

Das Pressungsverhältnis bestimmt die Größe der beim Fügevorgang auftretenden Fügekräfte und -momente. 55 % bzw. 80 % aller untersuchten Preßverbindungen liegen hier im Bereich zwischen 1,0 und 1,2. Zwischen 1,2 und 1,4 liegen im Bereich der Kfz-Industrie 20 % aller Fügeverbindungen, während im Bereich Weiße Ware 58 % aller Fügeverbindungen zwischen 1,2 und 1,4 liegen.

Die Zugänglichkeit beim Fügen wird sowohl durch die Fügerichtung als auch durch den Fügeraum bestimmt. Der Fügeraum wird dabei durch das Messen des frei zugänglichen unendlichen zylinderförmigen Raumes um den Basisteilumfang ermittelt. Es ergab sich, daß in 79 % bzw. 55 % aller Fälle als Fügefläche weniger als 30 cm^2 Zylindergrundfläche zur Verfügung standen. Weiterhin sind im Kfz-Bereich bei 12 % aller Fügefälle zwei und mehr Basisteile sehr dicht beieinander (unter 50 mm Zwischenraum).

Bei der Analyse an den Montagearbeitsplätzen wurden die Fügekräfte auf ungefähr 100 N bis 300 N geschätzt.

Es ergab sich weiterhin, daß bei 68 % (Kfz-Bereich) bzw. 81 % (Weiße Ware) aller Fügefälle zwei und mehr Schlauchenden an einem Montagearbeitsplatz montiert werden müssen.

Bei 62 % aller Arbeitsplätze unterscheiden sich die Außendurchmesser der Schlauchenden um mehr als 80 %.

Zur Montage der Schläuche sind 4 - 6 Freiheitsgrade notwendig.

Die manuelle Taktzeit zum Montieren eines Schlauchendes beträgt zwischen 15 s und 30 s.

3.1.4 Ist-Zustands-Analyse der Toleranzbereiche

Der Einfluß von Toleranzen spielt beim Montageprozeß eine große Rolle. Aber nicht nur die aufgezeigten Montageteiltoleranzen (Basis- und Fügeteil) spielen eine Rolle, sondern es summieren sich auch die Toleranzen der am Montageprozeß beteiligten Komponenten einer Montagestation auf, wie dies in Bild 8 aufgezeigt ist.

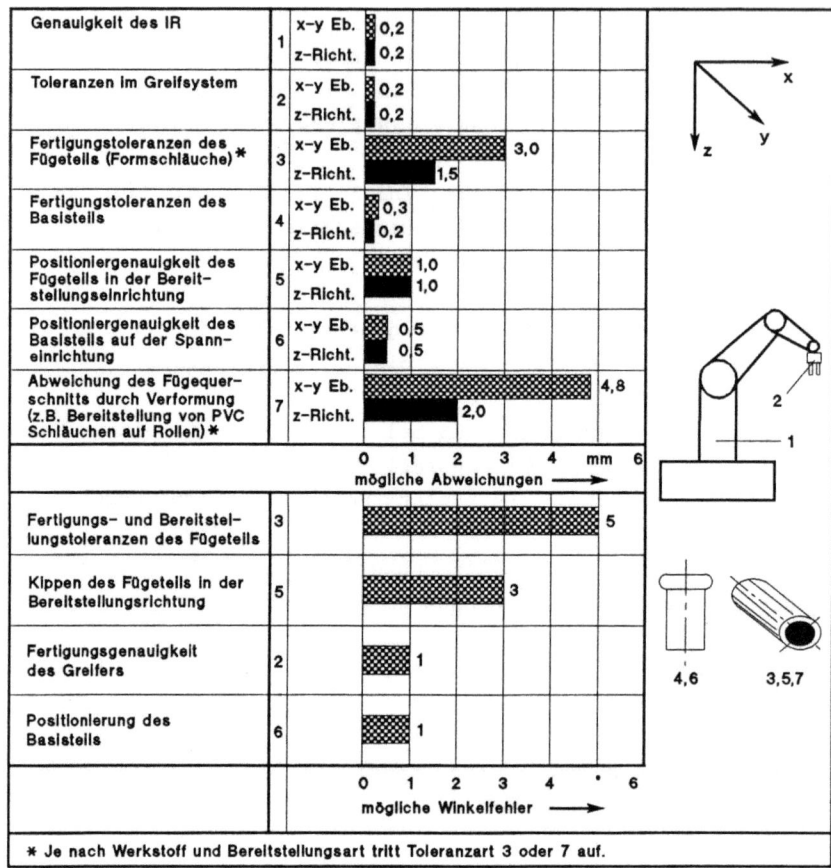

Bild 8: Toleranzen beim Montieren von Schläuchen

3.1.5 Automatisierungshemmnisse

Aus der Analyse gingen als wichtigste Automatisierungsprobleme hervor:

- Abstützen großer Fügereaktionskräfte und -momente,
- Auftreten großer Werkstücktoleranzen,
- große Deformationen der Werkstücke selbst durch kleine Füge- und Greifkräfte bzw. -momente,
- Werkstoffe der Fügeteile, die gekennzeichnet sind durch:
  o nichtlineares Werkstoffverhalten,
  o große Temperaturabhängigkeiten,
  o große Deformationen durch die Bereitstellung der Werkstücke (viskoelastisches Verhalten von Thermoplasten);
- kleine Fügeräume,
- Fügen in beliebigen Raumrichtungen,
- Fügen von zwei oder mehr Schlauchenden an einem Arbeitsplatz,
- Bereitstellung der Teile:
  o Schläuche haben sehr großes Hüllvolumen,
  o Schläuche haben große Toleranzen,
  o Schläuche haben keine definierten Auflageflächen (besonders bei vulkanisierten Schläuchen),
  o schlechte Stapelbarkeit durch Formenvielfalt und große Formtoleranzen,
  o an einem Produkt müssen sehr viele unterschiedliche Schlauchvarianten montiert werden,
  o Endlosschläuche aus Thermoplasten werden oft auf Trommeln bereitgestellt. Dadurch werden sie vorverformt;
- Greifen der Werkstücke:
  o kleine Greiferfreiräume bei der Bereitstellung und beim Fügen,
  o kleine Greifflächen,
  o Greifen oft nur sehr weit vom Fügequerschnitt entfernt möglich,
  o Greiferquerschnittsachse oft nicht parallel zur Fügequerschnittsachse (z.B. Auftreten von Biegemomenten beim Fügen);
- Orientierung und Position vom Fügequerschnitt in Relation zum Greifflächenquerschnitt sind durch große Toleranzen und Verformungen des Werkstückes durch Fügekräfte und -momente nur sehr grob bekannt,

- an einem Basiswerkstück mit mehreren Basisteilen sind mehrere geometrisch unterschiedliche Schläuche in Bezug auf Durchmesser und Form zu montieren (ähnlich Model-Mix-Betrieb).

3.1.6 Ableitung von Untersuchungs- und Entwicklungsschwerpunkten für die flexible automatische Montage von Schläuchen

Die große Variantenvielfalt der Schläuche in Verbindung mit bei jedem Montageprozeß unterschiedlichen Prozeßparametern erfordert die systematische Entwicklung von Konzepten für die flexibel automatisierte Montage von Schläuchen in den verschiedenen Einsatzbereichen. Für folgende Teilaufgaben müssen unterschiedliche Konzepte erarbeitet werden:

- flexible Bereitstellung an einem Montagearbeitsplatz,
- Montage mehrerer Schlauchenden an einem Arbeitsplatz,
- Greifen unterschiedlicher Fügeteildurchmesser (bis 60 mm) an einem Montagearbeitsplatz,
- Fügen von Schlauchverbindungen mit hohen Fügekräften.

Aus der Analyse ergaben sich weiterhin als wichtigste Untersuchungs- und Entwicklungsschwerpunkte:

- Untersuchung der auf den Montageprozeß einwirkenden Montageparameter (fügeprozeßbezogen, greifprozeßbezogen, werkstückprozeßbezogen, sonstige Einflußfaktoren),
- Entwicklung für den jeweiligen Anwendungsfall zugeschnittener Greiferbacken,
- Entwicklung von Hilfsmitteln zur Vorausberechnung der wichtigsten Montageprozeßparameter,
- Entwicklung von Methoden zum Toleranzausgleich.

3.2 Anforderungen an eine flexibel automatisierte Montagestation für Schläuche

3.2.1 Definition und Teilfunktionen einer Montagestation für Schläuche

In Anlehnung an /15, 36/ wird definiert "Ein programmierbares Montagesystem für Schläuche besteht aus einem oder mehreren Industrierobotern, die mit Greifern, anwendungsspezifischen Komponenten wie Sensoren, Bereitstelleinrichtungen und Werkzeugen versehen sind, die zur automatischen Montage von Schläuchen notwendig sind."

Ein programmierbares Montagesystem für Schläuche hat folgende Aufgaben (in Anlehnung an /37/):

Aufgaben eines programmierbaren Montagesystems für Schläuche

- Handhaben der Füge- und Basisteile
  - Bereitstellen der Füge- und Basisteile
  - Greifen der Fügeteile (ein oder mehrere Fügeteilenden)
- Fügen der Fügeteile
  - Positionieren der Fügeteile
  - Toleranzausgleich beim Fügen
  - Aufbringen der notwendigen Fügekräfte und -momente
- Kontrollieren des Montagevorganges
  - Überwachen des Montagevorganges
  - Prüfen des Fügeergebnisses

Bild 9: Aufgaben eines programmierbaren Montagesystems für Schläuche

Ordnet man nun den Teilfunktionen Teilsysteme zu, so läßt sich eine Montagestation für Schläuche in folgende Teilsysteme untergliedern:

- Bereitstelleinrichtungen für Schläuche und Basisteile,

- Handhabungssysteme (bestehend aus Greifer, Sensoren, Industrieroboter),
- Fügesysteme (bestehend aus Fügehilfseinrichtungen, Industrieroboter, Greifer, Sensoren, Teilsysteme zum Toleranzausgleich),
- Kontrollsysteme.

Die Funktion "Sichern der Fügeteile" (z.B. durch Schlauchschellen) wird hier nur am Rande betrachtet, da sie nicht unmittelbar zur Montage biegeschlaffer Teile gerechnet werden kann.

3.2.2 Anforderungen an das Gesamtsystem

Aus der Analyse werden Grundanforderungen abgeleitet. Diese gelten für alle am Montageprozeß beteiligten Teilsysteme. Für ein automatisches Montagesystem für Schläuche sind die Anforderungen in Bild 10 zusammengestellt.

```
Anforderungen an das Gesamtsystem

• Taktzeit pro Fügeoperation 15 s - 30 s
• Modell-Mix-Betrieb. Es müssen zwischen 3 und 7 Fügeteilvarianten montiert
  werden können.
• geringer Anteil variantenabhängiger Teilsysteme
• Fügen mehrerer Fügequerschnitte an einem Fügeteil
• Überwachen des Montagevorganges und Prüfen der Montagequalität
• hohe Verfügbarkeit
• geringer Platzbedarf
• Wirtschaftlichkeit
```

Bild 10: Anforderungen an das Gesamtsystem

3.2.3 Anforderungen an die Teilsysteme

Die Aufgliederung des Gesamtsystems in Teilsysteme in Kapitel 3.2.1 zeigt, daß einzelne Teilsysteme sowohl Handhabungs- als auch Fügeaufgaben wahrnehmen. Deshalb wurden bei der Aufstellung der Anforderungen für die jeweiligen Teilsysteme beide Aufgabenbereiche berücksichtigt.

3.2.3.1 Industrieroboter

Es müssen Anforderungen an die Mechanik und Steuerung (inkl. Programmierung) der Industrieroboter aufgestellt werden.

Industrieroboter werden für die Aufgaben "Handhaben und Fügen" benötigt. Die Auswahl des Handhabungsgerätes bestimmt nachhaltig die Wirtschaftlichkeit einer Montagestation.

Anforderungen an das Handhabungssystem

Mechanik
- hohe statische und dynamische Steifigkeit, geringe elastische Verlagerung
- Abstützen hoher Fügekräfte und -momente
- kleine Baulänge der Handachsen
- hohe Energiedichte des Antriebsystems
- hohe Bahngeschwindigkeit
- hohe Beschleunigungswerte
- hohe Bahngenauigkeit
- geringe Investitionskosten
- geringe Betriebs- und Wartungskosten
- hohe Zuverlässigkeit

Steuerung
- Bahnsteuerung mit Linearinterpolation
- Bahnsteuerung mit Zirkularinterpolation
- Schnittstelle für digitale und analoge Signale
- programmierte Softwaremodule für die Unterstützung der Fügestrategien und zur Unterstützung des Fügevorgangs (z.B. Pendelbewegungen)
- leichte Programmierbarkeit der gesamten Abläufe der Montagestation
- Realisierung von Störfallstrategien

Bild 11: Anforderungen an die Mechanik und Steuerung von Handhabungssystemen

3.2.3.2 Systeme zum Toleranzausgleich

Grundsätzlich sind folgende Toleranzarten auszugleichen:

- Toleranzen in der Fügequerschnittsebene, d.h. zwischen Basisteil- und Fügequerschnittsachse
- Toleranzen senkrecht zur Querschnittsebene, d.h. Abstandsänderungen zwischen Basisteilanfang und Fügequerschnitt
- Winkelfehler zwischen Basisteil- und Fügequerschnittsachse.

Daraus leiten sich die Anforderungen an Verfahren bzw. Teilsysteme zum Toleranzausgleich ab (Bild 12).

Anforderungen an Systeme zum Toleranzausgleich

- Ausgleich von Toleranzen e_x, e_y zwischen 3 mm – 7 mm
- Ausgleich von Toleranzen e_z zwischen 1 mm – 3 mm
- Ausgleich von Winkelfehlern α zwischen 6° – 10°
- kurze Toleranzausgleichszeit
- möglichst wenig Sensorik
- geringe Kosten
- geringer Platzbedarf
- hohe Verfügbarkeit

Bild 12: Anforderungen an Teilsysteme bzw. Verfahren zum Toleranzausgleich

3.2.3.3 Greifer

Zur automatischen Montage von Schläuchen wird mindestens ein Greifer zum Handhaben und Fügen der Schläuche benötigt. Dabei muß beachtet werden, daß auch mehrere Schlauchenden gefügt werden müssen. Hier muß im Hinblick auf die erreichbare Taktzeit der Gesamtstation besonders auch die Greifzeit für das Erkennen und Greifen eines jeden Schlauchendes beachtet werden. Weiterhin müssen vom Greifer die beim Montagevorgang auftretenden Fügekräfte bzw. -momente aufgenommen werden. Es müssen mehrere unterschiedliche Fügeteilvarianten (hier insbesondere in Bezug auf unterschiedliche Fügeteilaußendurchmesser und Greifflächengeometrien) gespannt werden können. Während des Fügevorgangs muß eine sichere Positionierung (ohne Rutschen des Fügeteils) im Greifer gewährleistet werden. Dies schließt eine gute Zentrierung des Fügeteils mit ein. Durch Integration von Sensoren muß eine Überwachung des Greif- und Fügevorganges möglich sein. Weiterhin muß man durch die Gestaltung des Greifers den oft sehr kleinen Füge- bzw. Greifräumen gerecht werden. Die Anforderungen an Greifer sind in Bild 13 zusammengefaßt.

Anforderungen an den Greifer

- geringes Bauvolumen, sehr geringe Bauhöhe, geringer Greiferquerschnitt
- Greifen mehrerer Schlauchenden
- großer Greiferbackenhub: 0 mm - 50 mm je nach Werkstückdurchmesser
- gute Zentrierung der Werkstücke
- keine Mittelpunktsverlagerung bei variablen Objektdurchmessern
- Toleranzen der Werkstücke dürfen nicht zu Fehlfunktionen führen
- geringe Umrüstzeit auf andere Werkstücke
- Umrüstzeit auf andere Werkstückdurchmesser möglichst gering
- keine Werkstückbeschädigung durch Greifer
- hohe mechanische Steifigkeit / geringe elastische Verlagerung
- gute Steuer- / Regelbarkeit des Greiferantriebes
- hohe Greifkräfte
- integrierte Prozeßüberwachung durch Sensoren
- geringe Greifzeiten
- keine Behinderung des Fügevorganges durch konstruktive Gestaltung des Greifers
- hohe Verfügbarkeit
- geringe Investitions- / Betriebskosten

Bild 13: Anforderungen an Greifer zur Montage von Schläuchen

3.2.3.4 Bereitstelleinrichtungen

Bei den Bereitstelleinrichtungen ist zwischen ungeordneter, teilgeordneter und geordneter Bereitstellung für das Fügeteil zu unterscheiden. Ungeordnete Bereitstellung ist aus wirtschaftlichen Gründen nicht sinnvoll (z.B. Griff in die Kiste).

Es muß durch Gestaltung der Bereitstelleinrichtungen eine schnelle Umrüstung auf mehrere Teile durchgeführt werden können. Das grobe Pflichtenheft für die vorgenannten Bereitstellarten zeigt Bild 14.

Anforderungen an die Bereitstelleinrichtungen
• Herstellen und Aufrechterhalten einer definierten Werkstücklage und Werkstückorientierung • hohe Kapazität durch platzsparende Anordnung der Werkstücke • Anordnung der Werkstücke so, daß genügend Greiffreiraum vorhanden ist • mindestens ein Schlauchende gut zugänglich • hohe Flexibilität in Bezug auf Variantenvielfalt • geringe Investitionskosten • kurze Umrüst- und Zugriffszeiten • hohe Verfügbarkeit

Bild 14: Anforderungen an Bereitstelleinrichtungen

4 Theorie des Montageprozesses

Zur Entwicklung der Theorie des Montageprozesses wurden auf einem dafür aufgebauten Versuchsstand (siehe Kapitel 6) erste Vorversuche durchgeführt. Aus diesen Vorversuchen wurden Kenntnisse über den Ablauf des Füge- und des Greifprozesses gewonnen.

4.1 Theorie des Fügeprozesses

Die Kenntnis des Fügeablaufes und der Einflußparameter auf den Fügevorgang sind entscheidend, um Anforderungen an eine Montagestation und deren Komponenten aufzustellen. Weiterhin werden Vorgehensweisen zur Verfahrensentwicklung davon stark beeinflußt (z.B. Verfahren zum Toleranzausgleich).

Der Fügeprozeß kann in 4 Hauptphasen eingeteilt werden (Bild 15):

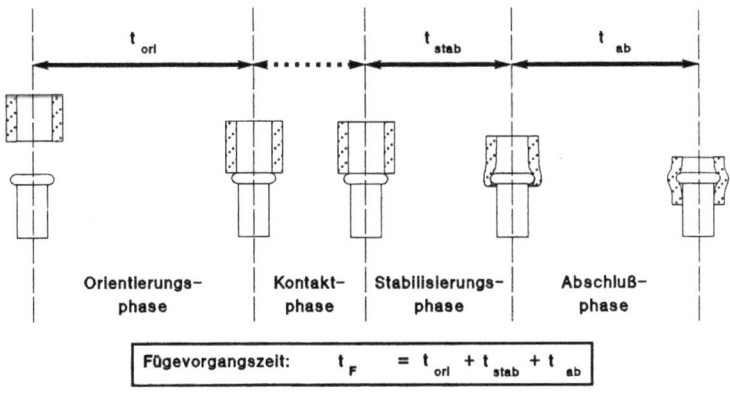

Fügevorgangszeit: $t_F = t_{ori} + t_{stab} + t_{ab}$

⬌ Kennzeichnung von zeitbehafteten Fügevorgangsphasen
◂··▸ Kennzeichnung von nicht zeitbehafteten Fügevorgangsphasen

Bild 15: Hauptphasen des Fügeprozesses

In der Orientierungsphase wird die Orientierung zwischen Basis- und Fügeteil festgelegt. Die Orientierung des Fügeteils ist dabei in jedem Bahnpunkt der Bewegung definiert. Berühren sich nun Füge- und Basisteil, so geht die Orientierungsphase in die Kontaktphase über. Dabei muß zwischen 3 Erstkontaktarten unterschieden werden:

- Kontaktpunkt,
- Kontaktlinie,
- Kontaktebene.

Die Bedingungen des Kontaktes zwischen Füge- und Basisteil hinsichtlich

- Kontaktgeometrie
- Krafteinleitung

bestimmen schon in der Kontaktphase den Erfolg der Fügebewegung durch die resultierende Fügeteilverformung beim Bewegungsablauf in der anschließenden Stabilisierungsphase. Hier wird das Fügeteil auf das maximale Basisteilmaß aufgeweitet. Die Stabilisierungsphase ist dadurch gekennzeichnet, daß sich die Einspannung des Fügeteils ändert. Das Ende der Stabilisierungsphase ist durch die Änderung der Zahl der Freiheitsgrade des zu fügenden Schlauchendes charakterisiert. Die 6 Freiheitsgrade in der Orientierungsphase werden auf 2 Freiheitsgrade, in radiale Richtung und axiale Richtung, reduziert. Durch diesen Vorgang wird die kritische Knicklastgrenze (Euler-Formel) verdoppelt. Dies wiederum bedeutet, daß die Stabilisierungsphase die wichtigste Phase des gesamten Fügevorganges ist.

An die Stabilisierungsphase schließt sich die Abschlußphase an, gekennzeichnet durch das Verfahren des Fügeteils über das Basisteil bis zum geforderten Fügeweg x_F.

Fügekräfte und -momente treten ausschließlich in der Stabilisierungs- und Abschlußphase auf. In Bild 16 sind die Fügekraftverhältnisse dargestellt.

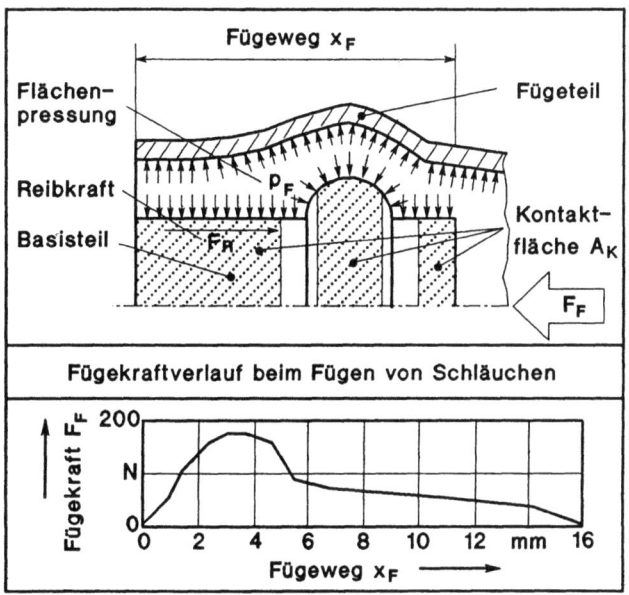

Bild 16: Kräfteverhältnisse beim Fügen von Schlauchen

Die Fügekraftkomponente F_F in axialer Richtung (beim Fügen ohne Exzentrizität und Winkelfehler treten keine Momente auf) setzt sich aus der Kraftkomponente F_{auf}, die zur Dehnung des Schlauches in tangentialer Richtung aufgebracht werden muß, und der Kraftkomponente F_R, die zur Überwindung von Reibwiderständen aufgebracht werden muß, zusammen.

Für die Fügekraft kann damit angesetzt werden (in Richtung der Basisteilachse)

$$F_F = F_R + F_{auf}.$$

Diese Formel, die für die Kraft in Richtung der Basisteilachse gilt, gilt für jeden Fügefall.

Nach /38/ setzt sich die Reibkraft aus einem Deformationsanteil und einem Adhäsionsanteil zusammen (bei Vernachlässigung des Kohäsionsanteils).

$$F_R = F_{Adh} + F_{Def}$$

Die Größe von Adhäsions- und Deformationskraft und ihr Verhältnis wird überwiegend durch die Oberflächenbeschaffenheit von Füge- und Basisteil festgelegt.

Der Schlauch wird beim Fügevorgang mit der Fügegeschwindigkeit v_F über das Basisteil bewegt. Dabei ist festzustellen, daß Fügegeschwindigkeit v_F und die Geschwindigkeit des Handhabungsgerätes v_{IR} nicht übereinstimmen, da der Schlauch durch die Kraft F_F elastisch gestaucht wird. Während des Fügevorganges gilt:

$$v_F < v_{IR}.$$

Durch die Fügekraft F_F und die Fügegeschwindigkeit v_F, mit der der Schlauch über das Basisteil bewegt wird, wird eine Stauchung des Schlauches bewirkt. Damit einhergehend tritt eine leichte Beulung der Schlauchwand auf. Bei zu großer Fügegeschwindigkeit tritt Versagen durch Beulen oder Knicken der Schlauchschale auf. Dies wurde auch durch Filmaufnahmen, die mit einer Hochgeschwindigkeitskamera durchgeführt wurden, bestätigt (Bild 17).

Nach Beendigung des Fügevorganges ($v_{IR} = 0$) wird die im Schlauch angestaute Verformungsenergie freigesetzt.
Es gilt:

$$v_F > v_{IR}.$$

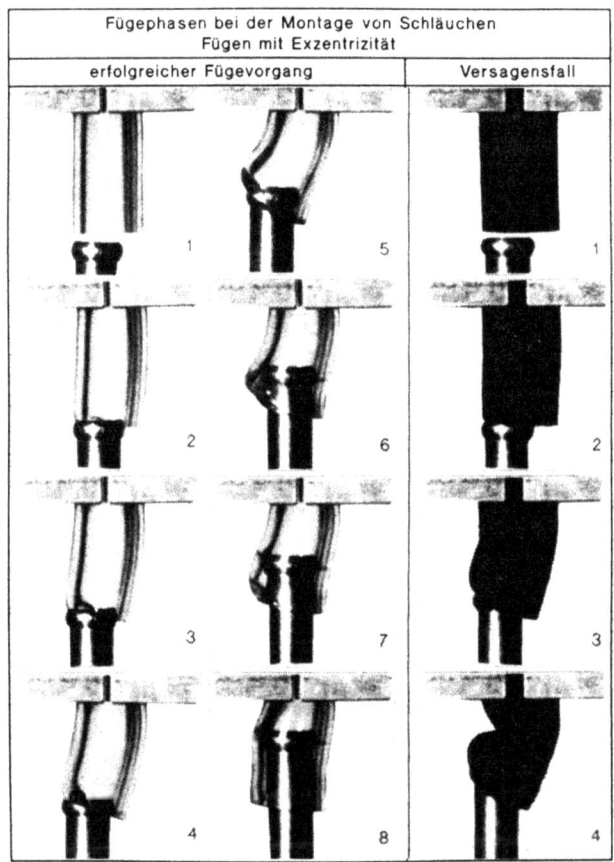

Bild 17: Fügen eines Schlauches mit Exzentrizität (Hochgeschwindigkeitsbilder)

Durch falsche Wahl von Fügeparametern kann es dabei zu einem Versagen des Fügevorganges kommen. Weiterhin tritt Versagen des Fügevorganges durch das sogenannte Aufsetzen ein (durch Form- bzw. Maßtoleranzen). Dabei trifft das Fügeteil ungleichmäßig auf der Kante des Basisteils auf. Durch dabei auftretende asymmetrische Kräfte und Momente wird das Fügeteil verformt, wodurch es zu Knicken oder Beulen des Fügeteils kommt (Bild 17).

Für Versagen durch Beulen oder Knicken ist die Größe der freien Länge l_A von wesentlicher Bedeutung. Ihre Auswirkungen müssen deshalb in diesem Zusammenhang ebenfalls untersucht werden.

4.2 Theorie des Greifprozesses

Die zum Gelingen des Fügeprozesses benötigten Fügekräfte und -momente müssen durch den Greifer aufgebracht werden. Die übertragbare Greifkraft F_G wird nicht nur durch Kraftschluß, sondern auch durch Formschluß übertragen.

$$F_G = F_{Form} + F_K$$

Durch das Aufbringen einer Greifkraft F_G wird der Schlauch zusammengepreßt. Dies bewirkt, daß, wie in Bild 18 zu sehen ist, der Greiferbacken sich in den Schlauch "eingräbt" und damit der Schlauch in axialer Richtung abgestützt wird. Die Reibkraftkomponente F_K setzt sich hier ebenfalls aus einem Deformations- und einem Adhäsionsanteil zusammen. Dies hängt wieder stark von der Geometrie der Greiferbacken, der Oberflächenbeschaffenheit und der Nachgiebigkeit der Greiferbackenflächen ab.

Die Berührungsgeometrie in den Wirkflächen hat nicht nur einen Einfluß auf den erreichbaren Reibkraftanteil, sondern auch auf die Verformung des Schlauches unter der Wirkung der Greifkraft. Um den Fügevorgang optimal zu unterstützen darf der Verformungsgrad des Fügequerschnitts einen bestimmten Grenzwert nicht überschreiten. Der Verformungsgrad hängt dabei von der freien Länge und der Gestalt der Greiferbakken ab. Die Verformung des Fügequerschnitts beim Greifvorgang bei unterschiedlicher Gestaltung der Greiferbacken sind ebenfalls in Bild 18 dargestellt.

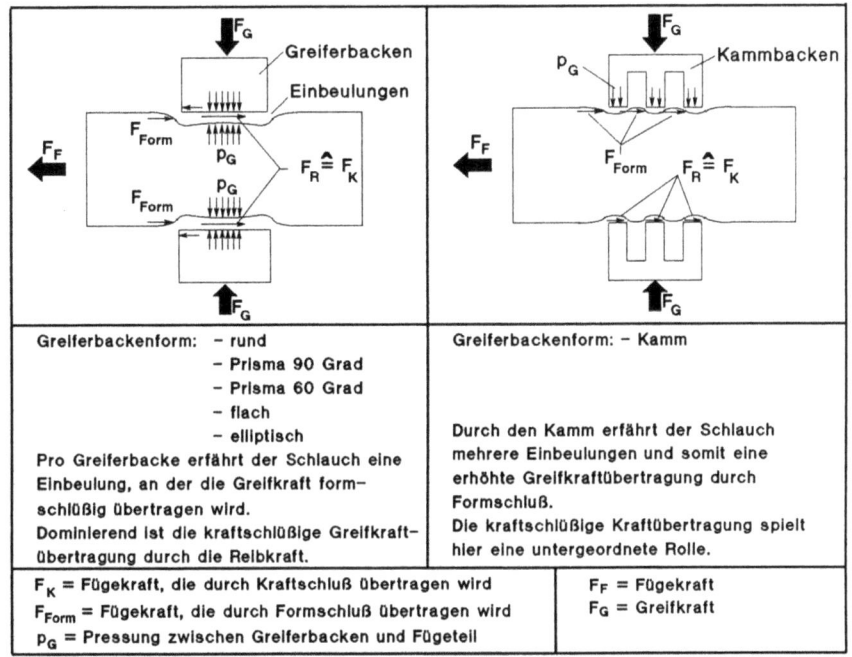

Bild 18: Kraftverhältnisse beim Greifen der Schläuche

4.3 Einflüsse auf den Montageprozeß durch das Werkstoffverhalten

Das Gelingen des Fügevorganges während Kontakt- und Stabilisierungsphase ist eine wichtige Voraussetzung für den Fügeprozess. Es wird bestimmt durch

- Überdeckungsgrad von Füge- und Basisteil,
- Steifigkeit von Füge- und Basisteil,

- Anfahrrichtung (Winkel zwischen Basisteil- und Fügequerschnittsachse),
- Art und Lage der Berührgeometrie zwischen Füge- und Basisteil,
- Größe und Richtung der Kontaktkräfte zwischen Füge- und Basisteil.

Im Gegensatz zum klassischen Bolzen-Loch-Problem, das das Fügen zweier starrer Körper behandelt, ist es beim Fügen von verformbaren Werkstoffen möglich, Exzentrizitäten und Winkelfehler auch durch die Nachgiebigkeit des Fügeteilwerkstoffes auszugleichen. Dies geschieht dadurch, daß der durch die freie Länge l_A vom Greifer entfernte Fügequerschnitt in der Lage ist, sich frei in radialer Richtung zu verformen.

4.4 Einflußparameter auf den Montageprozeß von Schläuchen

Wie in Kapitel 4.1 und 4.2 dargestellt, wirken auf Füge- und Greifvorgang eine Vielzahl von Parametern ein. Sie können in vier Hauptgruppen unterteilt und zusammengefaßt werden (Bild 19). Weiterhin können diese vier Hauptgruppen in technologische und geometrische Parameter unterteilt werden.

Für die geometrischen und technologischen Einflußgrößen müssen Grenzwerte ermittelt und gegenseitige Abhängigkeiten aufgezeigt werden, da sie einen starken Einfluß auf die erreichbaren Taktzeiten der Montagestation und deren Verfügbarkeit ausüben. Zur optimalen Gestaltung der Montagestation ist die genaue Kenntnis der Einflußparameter notwendig.

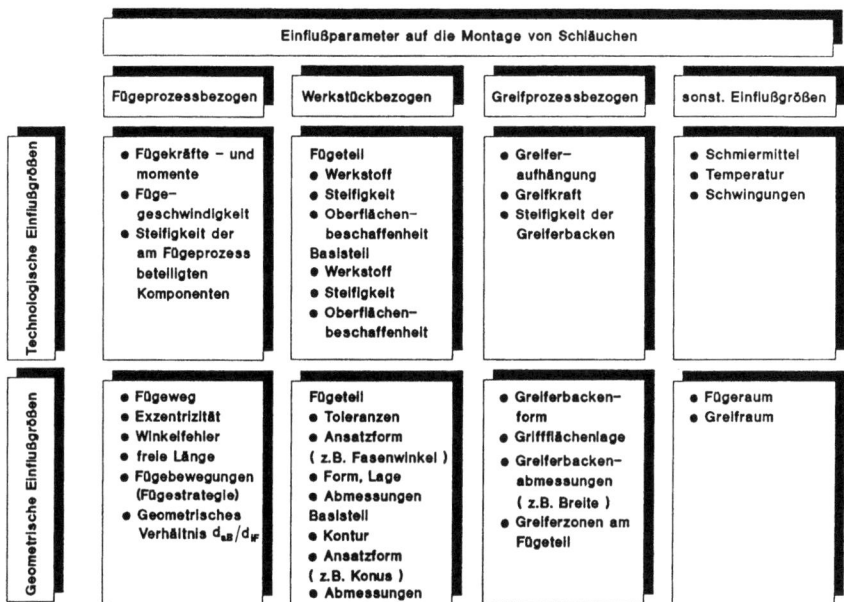

Bild 19: Einflußparameter auf den Montageprozeß bei Schläuchen

5. Konzeption von Teilsystemen eines automatisierten Montagesystems für Schläuche und Integration zu Gesamtsystemen

Die beim Montageprozeß bei Schläuchen durchgeführten Vorgänge unterscheiden sich hauptsächlich in der Zahl der zu fügenden Schlauchenden und der verwendeten Werkstücke (Füge- und Basisteile). Dabei muß laut Analyse in 68 % bzw. 81 % der Fälle von zwei bis drei Schlauchenden, die gefügt werden müssen, ausgegangen werden.

5.1 Greifsysteme

5.1.1 Greifen unterschiedlicher Schlauchgeometrien

Um in einer Montagestation unterschiedliche Fügeteilvarianten automatisch montieren zu können, ist eine Anpassung des Greifers an die damit verbundenen, veränderten Bedingungen notwendig.

Bei zwei bis drei unterschiedlichen Fügeteilaußendurchmessern ist es möglich, diese durch speziell gestaltete Greiferbacken zu spannen. Es kommen dabei drei Formen von Mehrfachgreiferbacken in Frage:

- Greiferbacken mit mehreren nicht getrennten Wirkflächen,
- Greiferbacken mit einer Wirkfläche,
- Greiferbacken mit getrennten Wirkflächen.

Beim Greiferbackenwechsel werden die Greiferbacken durch den Industrieroboter ebenfalls zu einer Wechselstation gebracht und dort gewechselt. Dabei ist es aber nicht nötig, daß der Industrieroboter während des Wechselvorganges stillsteht, sondern die Greiferbacken können beim Durchfahren der Greiferbackenwechselstation ausgewechselt werden. Dies führt zu einer erheblichen Zeitersparnis (höhere Wirtschaftlichkeit). Elektrische Signale sollen auch weiterhin in die Greiferbacken übertragen werden können.

In Bild 20 sind die möglichen Lösungsalternativen zur Gestaltung flexibler Greifsysteme dargestellt. Es zeigt sich, daß die Lösungsvariante "Greiferbackenwechsel" erhebliche Vorteile gegenüber den anderen Konzepten bietet.

Bewertungskriterien		Schwenkgreifer	Greiferwechselsystem	Greiferbackenwechselsystem	Flexible Greiferbacken mit einer Wirkfläche	Flexible Greiferbacken mit getrennter Wirkfläche
Anpaßzeit	Wechselzeit	—	2-3 s	2-3 s	—	—
	Schwenkzeit	1-2 s	—	—	—	—
Bauvolumen		100 %	40 %	40 %	20 %	30 %
Zahl der greifbaren Durchmesser		4-8	abhängig von Zahl der Greifer	abhängig von Zahl der Greiferbacken	abhängig vom Außendurchmesser	2-3
Wirtschaftlichkeit		mittel	gering	mittel	hoch	hoch
Technischer Aufwand		hoch	hoch	hoch	gering	gering
Verfügbarkeit		mittel	mittel	mittel	hoch	hoch

Bild 20: Konzepte für flexible Greifer (Greifen verschiedener Fügeteilaußendurchmesser)

5.1.2 Greifen mehrerer Schlauchenden

Als prinzipielle Möglichkeiten der Reihenfolge gibt es serielles und paralleles Greifen und Fügen der Schlauchenden.

Beim seriellen Greifen und Fügen der Schlauchenden wird ein Schlauchende nach dem anderen gefügt. Nachdem das erste

Schlauchende gefügt ist, ist es durch die Verformungsfähigkeit der Schläuche nicht möglich, die genaue Position und Orientierung der anderen Schlauchenden festzustellen. Es können sowohl optische als auch taktile Sensoren bzw. mechanische Fügehilfseinrichtungen zur Erkennung und anschließenden Positions- und Orientierungsbestimmung der Schlauchenden eingesetzt werden.

Beim parallelen Fügen werden die Schlauchenden gleichzeitig gegriffen und anschließend gefügt. Diese Greifart bedingt aber einen hohen technischen Aufwand und führt zu einer großen Baugröße der Greifer.

Die wesentlichen Konzepte für serielles und paralleles Greifen sind in Bild 21 zusammengefaßt.

Ein generell einsatzfähiges Konzept besteht aus Greifer und optischer Erkennungseinrichtung. Die optische Erkennungseinrichtung kann außer für die Aufgabe der Erkennung der Schlauchenden auch noch für andere, mit dem automatischen Montageprozeß zusammenhängenden Aufgaben herangezogen werden:

- Erkennen der Schläuche bei teilgeordneter Bereitstellung,
- Erkennen der Schläuche bei geordneter Bereitstellung mit großen Toleranzen,
- Kontrolle des Montageprozesses (Überwachung des Montageprozesses und Prüfung des Montageergebnisses).

Die wichtigsten optischen Erkennungsprinzipien sind vergleichend in Bild 22 gegenübergestellt. Dabei stellt sich als beste Möglichkeit das auf Laserbasis arbeitende Meßverfahren heraus.

Lösungskonzepte / Bewertungskriterien	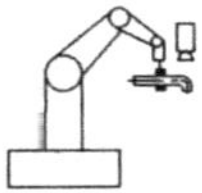 Greifer und optischer Sensor	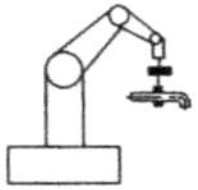 Greifer und taktiler Sensor	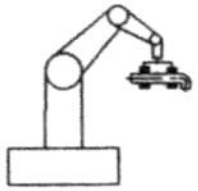 Mehrfachgreifer	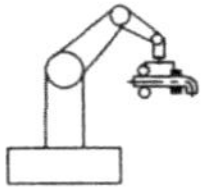 Greifer und Führungsrollen	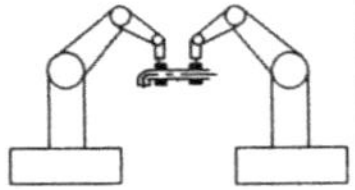 n Greifer
Montage-abfolge — Greifen	seriell	seriell	parallel	seriell	parallel
Montage-abfolge — Fügen	seriell	seriell	seriell	seriell	parallel
Flexibilität hinsichtlich Werkstück-gestalt	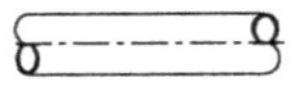	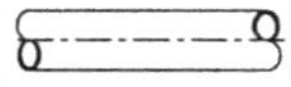	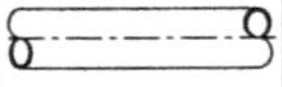 –	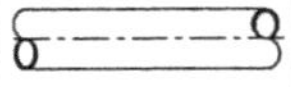	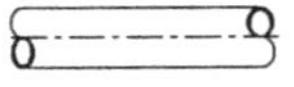
Zuverlässigkeit der Erkennung	hoch	gering	hoch	hoch	hoch
Technischer Aufwand	mittel	hoch	hoch	mittel	sehr hoch
Bauvolumen der Greifereinheit	100 %	100 %	250 %	150 %	150 %
Typenflexibilität	hoch	mittel	gering	mittel	hoch
Bemerkungen	Sensor für Erkennungs-aufgaben zum Toleranz-ausgleich und zu Prüf- und Überwachungs-aufgaben einsetzbar	Sonder-konstruktion	Sonder-konstruktion	nur bei ein-heitlichen Durchmessern einsetzbar	–

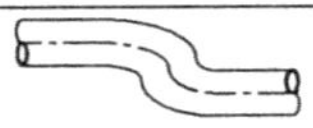

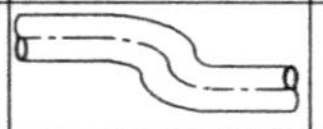

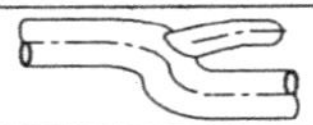

<u>Bild 21:</u> Konzepte für die Montage mehrerer Schlauchenden an einer Station

Lösungsvarianten / Bewertungskriterien	Zwei Videokameras in orthogonaler Anordnung Grau-/ Binärbildverarb.	Zwei orthogonale Zeilenkameras:Graubild- oder Binärbildverarb.	Eine Zeilenkamera mit Autofocuseinrichtung, abstandsmessend	Abstandsmessender Laserscanner	Punktförmiger Reflex- lichttaster, Linearab- tastung	Optischer, abstands- messender Sensor (Triangulation):Linearabt.	Höhenprofilerfassung mit Kamera durch Licht- schnittverfahren	Abstandsmessender Ultraschallsensor ; Linearabtastung
Zeitaufwand für Messung	1 s	0,5 s	0,5 s	0,2 s	5 s	2 s	0,2 s	3 s
Messgenauigkeit	2 mm	2 mm	Abstand 5mm,seitl. 1mm	0,3 mm	1 mm	0,1–0,2 mm	1 mm	5 mm
Bauvolumen	groß	groß	mittel	mittel	sehr klein	mittel	groß	klein
Technischer Aufwand	sehr hoch	sehr hoch	hoch	hoch	mittel	mittel	sehr hoch	mittel
Störsicherheit	gering	gering	mittel	hoch	mittel	hoch	mittel	mittel
Installationsart stationär	x	x					x	
Installationsart bewegl.			x	x	x	x		x
Messungen	einfach	doppelt	doppelt	doppelt	doppelt	doppelt	doppelt	doppelt

Bild 22: Konzepte für die optische Erkennung der Schlauchenden

5.2 Fügesystem

Das Fügesystem hat im wesentlichen 2 Aufgaben:

- Ausgleich von Toleranzen,
- Aufbringen der benötigten Fügekräfte und -momente.

Um die benötigten Fügekräfte und -momente aufzubringen, lassen sich mehrere Konzeptalternativen aufstellen. Beim Fügen von Schläuchen können große Fügereaktionskräfte und -momente direkt vom Industrieroboter abgestützt werden. Durch eine Reihe von konstruktiven Lösungen ist es möglich, die Fügereaktionskräfte und -momente auf Fügehilfseinrichtungen zu verlagern oder sie stark zu reduzieren.

Die wesentlichen prinzipiellen Lösungsmöglichkeiten sind in Bild 23 bewertend gegenübergestellt.

Lösungsalter-native Bewertungs-kriterien	Industrie-roboter	Industrieroboter und thermische Fügehilfen			Industrieroboter und mechanische Fügehilfen			Industrieroboter und Schmiermittel	
		Induktiv	Heiz-stab + Medium	Heiß-luft	aufweiten	Kraftunter-stützung		benetzt bereit-stellen	benetzen während des Fügens
									Bad / Spröhen
Montagenebenzeit	—	>5-7s	>4-5s	>3s	>5s	—		—	>4-5s / 1-2s
Technischer Aufwand	gering	gering	mittel	mittel	gering	mittel		gering	gering
Zusätzlich benötigte Hilfsmittel	—	regelbare Induktiv-spule	Behälter mit Medium	Heiß-luftge-bläse	mech. Dorn	Sonder-konstrukti-on		Schmiermittel	
Flexibilität hinsicht-lich Schlauchvarianten	hoch	gering	mittel	mittel	mittel	gering		hoch	hoch
Werkstoff-eignung Elastomer	x					x		x	x
Werkstoff-eignung Thermoplast	x		x		x	x		x	x
wirkende Fügekräfte und -momente auf den Industrieroboter	hoch	gering	gering	gering	gering	gering		mittel	mittel
Fügesicherheit	mittel	hoch	hoch	mittel	hoch	mittel		hoch	hoch
Wirtschaftlichkeit	hoch	gering	mittel	mittel	mittel	gering		hoch	hoch

<u>Bild 23:</u> **Konzepte für die Reduzierung der Fügekräfte**

Werden die Fügereaktionskräfte und -momente vom Industrieroboter aufgebracht, muß dazu angemerkt werden, daß die vom Industrieroboter abstützbaren Fügereaktionskräfte ein Vielfaches des möglichen Handhabungsgewichtes betragen können. Dies wurde in Vorversuchen bestätigt.

Ein wesentliches Kriterium für die Auswahl der Industrieroboter ist die statische und dynamische Steifigkeit. Bisher wurden lediglich für einige wenige ausgewählte Industrieroboter bzw. Teilsysteme die abstützbaren Fügereaktionskräfte ermittelt. Die für den Industrieroboter Manutec R3/15 gemessenen maximalen Fügekräfte (die Grenze wird hier durch Abschalten der Antriebe bei zu großem Schleppfehler gezogen) betragen je nach Arbeitsraumpunkt und damit Achsstellung zwischen 700 N und 2500 N bei einem maximalen Handhabungsgewicht von 150 N.

5.3 Integration zu Gesamtsystemen

Werden die Lösungsprinzipien für die Teilfunktionen zu Gesamtlösungen zusammengestellt, muß ihre Verträglichkeit untereinander überprüft werden.

Auf die Gestaltung einer Montagestation und ihrer Teilsysteme wirken 5 wesentliche Einflußfaktoren ein:

- Zahl der zu fügenden Schlauchenden,
- Füge- und Basisteilgeometrie,
- Zahl der zu montierenden Schlauchgeometrievarianten,
- Fügerichtung,
- Art und Ort der Bereitstellung der Schläuche.

Für die sich daraus ergebenden unterschiedlichen Anforderungen wurden nun Lösungsvarianten gebildet und zu Gesamtsystemen integriert (Bild 24). Dabei wurden für diese Gesamtsysteme nur noch Teilkomponenten verwendet, die technisch bzw. wirtschaftlich sinnvolle Lösungen anbieten.

Entscheidungs-kriterien	Fügen von einem Schlauchende						Fügen von mehreren Schlauchenden					
	endloser Schlauch (kein Formschlauch)		Formschlauch				endloser Schlauch (kein Formschlauch)		Formschlauch			
notwendige Teilsysteme bzw. Strategien	eine Füge-teilvariante	n Füge-teilvarianten	eine Füge-teilvariante		n Füge-teilvarianten		eine Füge-teilvariante	n Füge-teilvarianten	eine Füge-teilvariante		n Füge-teilvarianten	
Bereitstelleinrichtung	Trommel	vorkon-vektioniert Trommel	vorgeordnet auf Band Magazin		vorgeordnet auf Band Magazin		Trommel	vorkon-vektioniert Trommel	vorgeordnet auf Band Magazin		vorgeordnet auf Band Magazin	
Bereitstellstrategie	loseweise	kommis-sioniert loseweise	loseweise		kommis-sioniert loseweise		loseweise	kommis-sioniert loseweise	loseweise		kommis-sioniert loseweise	
Greifer	Greifer	Greifer + Greifer-backen-wechsel	Greifer		Greifer + Greifer-backen-wechsel		Greifer + Nachführ-einheit	Greifer + Nachführ-einheit	Greifer + optischer Sensor		Greifer + opt. Sensor + Greifer-backen-wechsel	
Toleranz-ausgleich $e_{x,y} < 2$ mm $\alpha < 4°$	Compliance	Compliance	Compliance		Compliance		Compliance	Compliance	Compliance		Compliance	
$e_{x,y} < 8$ mm $\alpha < 10°$	Füge-strategie I, II, III, IV	Füge-strategie I, II, III, IV	Füge-strategie I, II, III, IV		Füge-strategie I, II, III, IV		Füge-strategie I, (II), III, (IV)	Füge-strategie I, (II), III, (IV)	Füge-strategie I, (II), III, (IV)		Füge-strategie I, (II), III, (IV)	
$e_{x,y} > 8$ mm $\alpha > 10°$	Füge-strategie + opt. Sensor	Füge-strategie + opt. Sensor	Füge-strategie + opt. Sensor		Füge-strategie + opt. Sensor		Füge-strategie + opt. Sensor	Füge-strategie + opt. Sensor	Füge-strategie + opt. Sensor		Füge-strategie + opt. Sensor	
	Fügestrategie I	Fügestrategie II	Fügestrategie III				Fügestrategie IV		genaue Beschreibung der einzelnen Füge-strategien siehe Kap. 7			

(II), (IV) ... Fügestrategien sind nur eingeschränkt anwendbar

Bild 24: Konzepte zur automatischen Montage von Schläuchen mit Industrierobotern

6 Experimentelle Untersuchung der quantitativen und qualitativen Abhängigkeiten und Berechnung ausgewählter Montageparameter

6.1 Versuchsaufbau

Für die Durchführung der Montageversuche wurde ein vierachsiger kartesischer Portalroboter in Modulbauweise verwendet. Zur Aufspannung der Basisteile wurde ein um 2 Drehachsen schwenkbarer Tisch entwickelt. Die senkrecht zueinander angeordneten Drehachsen erlaubten ein Schwenken des Tisches um jeweils 45°.

Zum Spannen der Schläuche wurde ein frei programmierbarer Parallelbackengreifer mit 200 N Greifkraft sowie mit auswechselbaren Greiferbackenhaltern und Greiferbacken verwendet. An den Greiferbackenhaltern sind Dehnmeßstreifen in Vollbrückenschaltung zur Messung der Greifkräfte angebracht. Die auftretenden Fügekräfte und -momente wurden von einer Sechs-Komponenten-Kraft- und Momentenmeßdose gemessen, deren Signale anschließend von einer Analogauswerteeinheit verarbeitet wurden. Die Ergebnisse wurden auf einem programmierbaren Achtkanalplotter ausgegeben.

Zur Ermittlung des Temperatureinflusses beim Fügen von Schläuchen wurde ein mit Wasser gefülltes Thermogefäß mit regelbarer Temperatur verwendet. Der gesamte Versuchsaufbau ist in Bild 25 dargestellt.

Die Sechs-Komponenten-Kraft- und Momentenmeßdose hat einen Kraftmeßbereich (F_x, F_y, F_z) von 0 N bis 1500 N, sowie einen Momentenmeßbereich (M_x, M_y, M_z) von 0 Nm bis 150 Nm. Die Vollbrückenschaltung zur meßtechnischen Erfassung der Greifkräfte war für einen Meßbereich zwischen 0 N und 400 N ausgelegt. In den Versuchen wurden aufgrund der Analyse grundsätzlich gerade Schlauchstücke folgender Abmessungen verwendet:

- Länge der Schlauchstücke: 100 mm bis 150 mm,
- Außendurchmesser d_{aF}: 13 mm bis 40 mm,
- Innendurchmesser d_{iF}: 10 mm bis 30 mm.

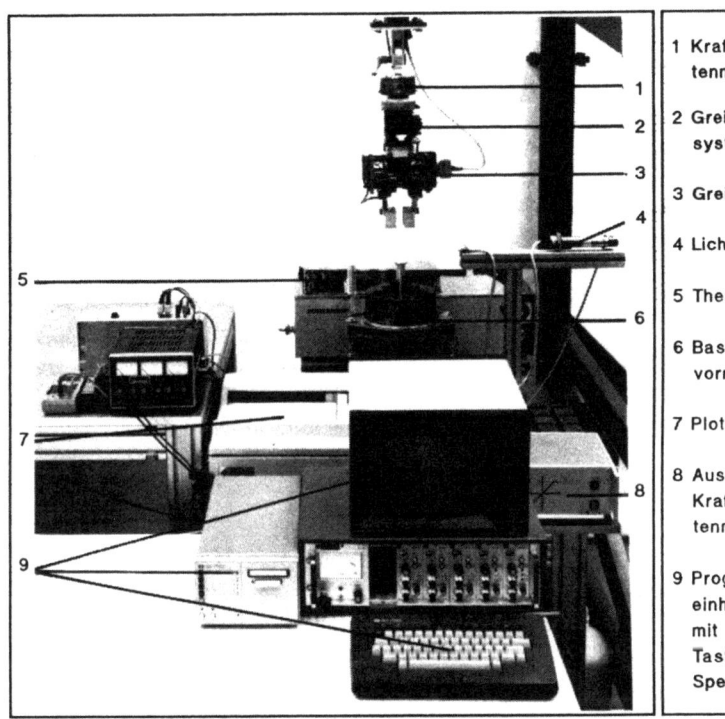

Bild 25: Versuchsaufbau zur quantitativen Ermittlung der Einflußfaktoren auf den Montagevorgang

6.2 Untersuchung der Einflüsse ausgewählter Fügeparameter

Zur Auslegung der Teilsysteme einer automatischen Montagestation für Schläuche ist es notwendig, die Einflußparameter auf den Fügeprozeß in ihrer gegenseitigen Abhängigkeit quantitativ und qualitativ zu untersuchen.

Es wurden dabei folgende Einflußparameter auf den Fügeprozeß und besonders auf die Fügekraft untersucht:

- Fügegeschwindigkeit,
- Basisteilgeometrie,
- Schmiermittel,
- Temperatur,
- freie Länge,
- Fügeteilgeometrie,
- Fügeteilwerkstoff,
- Pressungsverhältnis.

Die Ergebnisse wurden in Diagrammform aufgetragen. Dies zeigt beispielhaft Bild 26 in Kapitel 6.2.1.

6.2.1 Fügegeschwindigkeit

In den Versuchen wurden Fügegeschwindigkeiten zwischen 5 mm/s und 130 mm/s untersucht. Dabei hat sich gezeigt, daß

- bei Thermoplasten bei hohen Fügegeschwindigkeiten höhere Fügekräfte auftreten als bei kleinen Fügegeschwindigkeiten; der Grund hierfür ist das viskoelastische Werkstoffverhalten,

- bei Gummi die Steigerungen der Fügekraft mit zunehmender Fügegeschwindigkeit wesentlich geringer sind (unter 20 %),

- bei Thermoplasten die konische Basisteilgeometrie Steigerungen von ca. 70 %, die runde Basisteilgeometrie Steigerungen von ca. 40 % bewirken ($d_{iF}/s_F = 5$),

- bei Verhältnissen $d_{iF}/s_F > 5$ die Fügekraft um bis zu 100 % bis 150 % zunimmt (Thermoplaste),

- das mögliche zu fügende Pressungsverhältnis unabhängig von der Fügegeschwindigkeit ist,

- die Fügewahrscheinlichkeit der Fügevorgänge bei Fügegeschwindigkeiten über 130 mm/s bis 140 mm/s stark abnimmt.

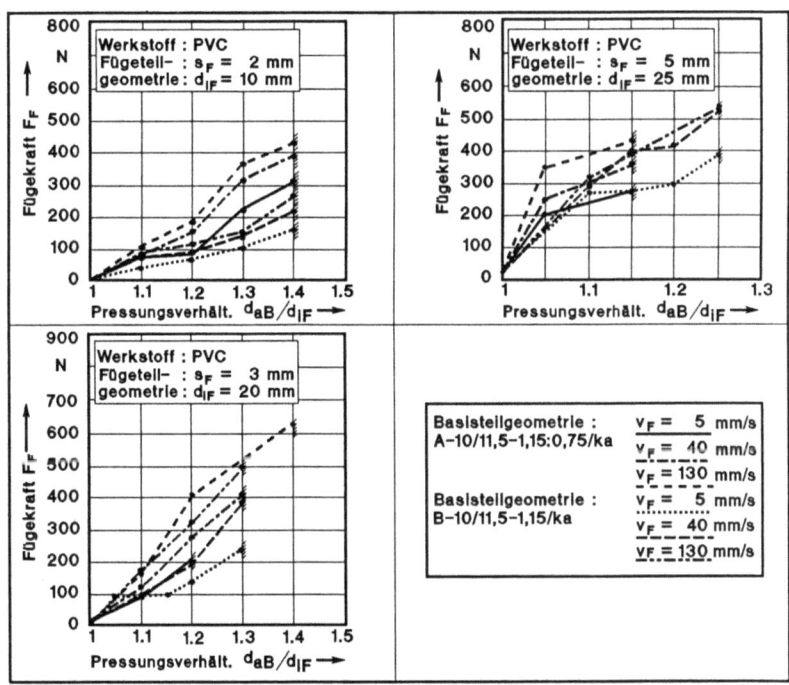

Bild 26: Einfluß der Fügegeschwindigkeit auf die Fügekraft

6.2.2 Basisteilgeometrie

Bei den Versuchen stellte sich heraus, daß der Einfluß der Basisteilgeometrie auf die Größe der Fügekraft sehr groß ist.

Aus den Versuchen ging hervor:

- Basisteile mit konischer Geometrie sind günstiger als Basisteile mit runder Geometrie,
- für Basisteilformen, bei denen die Breite H des Preßwulstes variiert, konvergieren die Fügekräfte asymptotisch mit zunehmender Breite,
- alle Basisteile sollten grundsätzlich (bei runder und konischer Geometrie) einen konischen Anlauf von ungefähr 3 mm bis 6 mm Länge aufweisen; der Konus sollte einen Winkel von $10°$ bis $30°$ besitzen,
- Fügekräfte bei runder Basisteilgeometrie sind höher als bei konischer Basisteilgeometrie.

6.2.3 Schmiermittel

Bei den Experimenten wurde der Einfluß der Schmiermittel auf die Größe der maximal auftretenden Fügekräfte untersucht.

Als Schmiermittel wurden

- Petroleum,
- Seifenlauge,
- Talkum

untersucht.

Die Auswirkungen des Einsatzes von Schmiermitteln lassen folgendermaßen zusammenfassen:

- Verminderung der Fügekräfte um bis zu 50 %,
- Schmiermittel sind für die Werkstoffgruppen Gummi mit Textilverstärkung sowie PVC mit Textilverstärkung nur von schwachem Einfluß,

- die günstigsten Schmiermittel sind für sämtliche Werkstoffe Petroleum und Seifenlauge,
- bei konischer Basisteilgeometrie wird durch den Einsatz von Schmiermitteln eine leichte Erhöhung des möglichen Pressungsverhältnisses erreicht,
- die Fügewahrscheinlichkeit wird durch geringere Reibung zwischen Basis- und Fügeteil erhöht; Versagensursachen wie Beulen und Knicken werden durch die geringere Gleitreibungszahl stark eingeschränkt, da die Fügegeschwindigkeit v_F wesentlich näher bei der Industrieroboterverfahrgeschwindigkeit v_{IR} liegt.

6.2.4 Temperatur

Mit Hilfe der Temperatur als Parameter lassen sich folgende Effekte erzielen:

- Temperatureinflüsse bewirken ausschließlich bei den Werkstoffen PVC und PVC mit Textilverstärkung eine Reduzierung der Fügekräfte (viskoelastisches Verhalten),
- Verringerung der Fügekräfte um bis zu 60 % (bei 80° C),
- Erhöhung der noch zu fügenden Pressungsverhältnisse auf bis zu 1,6 (je nach Basisteilgeometrie),
- Erhöhung der Fügewahrscheinlichkeit; Verhinderung von Versagensformen wie Beulen, Knicken und Einrollen durch grosse Verformbarkeit des Schlauches am Fügequerschnitt,
- gezielte lokale Verminderung der Schlauchfestigkeit.

6.2.5 Freie Länge

Die gewählte freie Länge beeinflußt die Nachgiebigkeit des Fügeteils während des Fügevorganges sehr stark. Die untere Grenze der freien Länge bildet der Fügeweg x_F (dieser beinhaltet den freien Verformungsweg). Die obere Grenze ist durch die kritische Beul- und Knicklänge festgesetzt. Sie liegt je nach Werkstoff zwischen 30 mm und 45 mm. Die Fügekraft steigt dabei mit zunehmender freier Länge l_A nur leicht an.

6.2.6 Fügeteilgeometrie und Fügeteilwerkstoff

Es wurde hier der Einfluß des Fügeteilwerkstoffes in Kombination mit der Fügeteilgeometrie untersucht.

Die Ergebnisse der Versuche waren:

- bei runder Basisteilgeometrie kann Gummi auch noch bei Pressungsverhältnissen bis zum Wert 1,4 gefügt werden (ohne Fügehilfe),
- Thermoplaste können bis zu Pressungsverhältnissen von 1,3 gefügt werden (bei runder Basisteilgeometrie),
- bei konischen Basisteilgeometrien treten um bis zu 40 % geringere Fügekräfte als bei runden Basisteilgeometrien auf,
- Fügeteile mit kleinen Wandstärken und kleinem Innendurchmesser können bei größeren Pressungsverhältnissen gefügt werden,
- bei konischen Basisteilgeometrien können höhere Pressungsverhältnisse als bei runden Basisteilgeometrien gefügt werden,
- bei konstantem Verhältnis d_{iF}/s_F haben große Außendurchmesser d_{aF} und große Wandstärken auch große Fügekräfte zur Folge.

6.3 Untersuchung der Greifparameter

Der Greifer hat bei der Montage von Schläuchen folgende Hauptaufgaben zu erfüllen:

- Aufbringen der benötigten Greifkräfte,
- Abstützen der auftretenden Fügekräfte und -momente,
- vorübergehendes Aufrechterhalten einer auf die Greiferachsen bezogenen definierten Zuordnung zwischen Fügeteil und Greifer,
- große Flexibilität; es sollen Fügeteile mit möglichst großen Unterschieden in Bezug auf Außendurchmesser und vorhandener Greifzonenlänge gegriffen werden können.

Die auf den Greifprozeß einwirkenden Montageparameter wurden in Bild 19 dargestellt. Gegenstand der Untersuchungen waren die in Bild 27 dargestellten Greiferbackenformen.

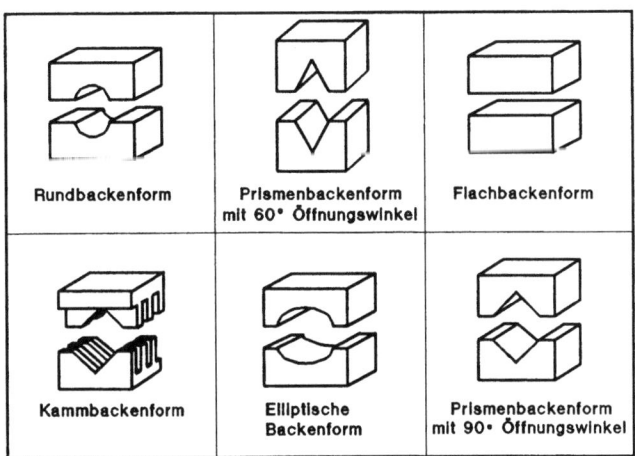

Bild 27: Untersuchte Greiferbackenformen

6.3.1 Zusammenhang zwischen Verformungsgrad des Öffnungsquerschnitts, Greifkraft und freier Länge

Bei der Einwirkung einer Greifkraft auf den Schlauch ändert sich die Form des Fügequerschnitts mit zunehmender Greifkraft. Diese Formänderung soll berechnet werden, um eine Aussage über den Grenzwert der Verformung des Öffnungsquerschnitts $\Phi_{ögrenz}$, bei dem gerade noch Fügen möglich ist, machen zu können. Da sich bei unterschiedlichen Greiferbackenformen die Schläuche unterschiedlich verformen, muß eine bei allen Greiferbackenformen gültige Formel gefunden werden, die den Verformungsgrad beschreibt. Kamm- und Prismenbacken verformen den Schlauch in ein N-Eck, Flach- und elliptische Backen verformen den Schlauch in eine Ellipse, während bei Rundbacken fast keine sichtbaren Verformungen auftreten. Der Verformungsgrad $\Phi_ö$ wurde wie folgt definiert:

$$\Phi_ö = \frac{d_{iF} - d_{imb}}{d_{iF}} \cdot 100 \text{ \%}$$

d_{iF} Innendurchmesser des Schlauches ohne Belastung,
d_{imb} minimaler Innendurchmesser des Schlauches unter Belastung mit der Greifkraft F_G.

Für das Gelingen eines Fügevorganges gilt:

$$\Phi_ö < \Phi_{ögrenz}$$

Die Verformung des Öffnungsquerschnitts ist außerdem von der freien Länge l_A abhängig, d.h. vom Kraftangriffspunkt der Greiferbacken in Relation zum Öffnungsquerschnitt.

In Bild 28 ist für unterschiedliche freie Längen l_A und Greifkräfte F_G der Verformungsgrad $\Phi_{ögrenz}$ aufgetragen, bei dem kein Fügen mehr möglich ist.

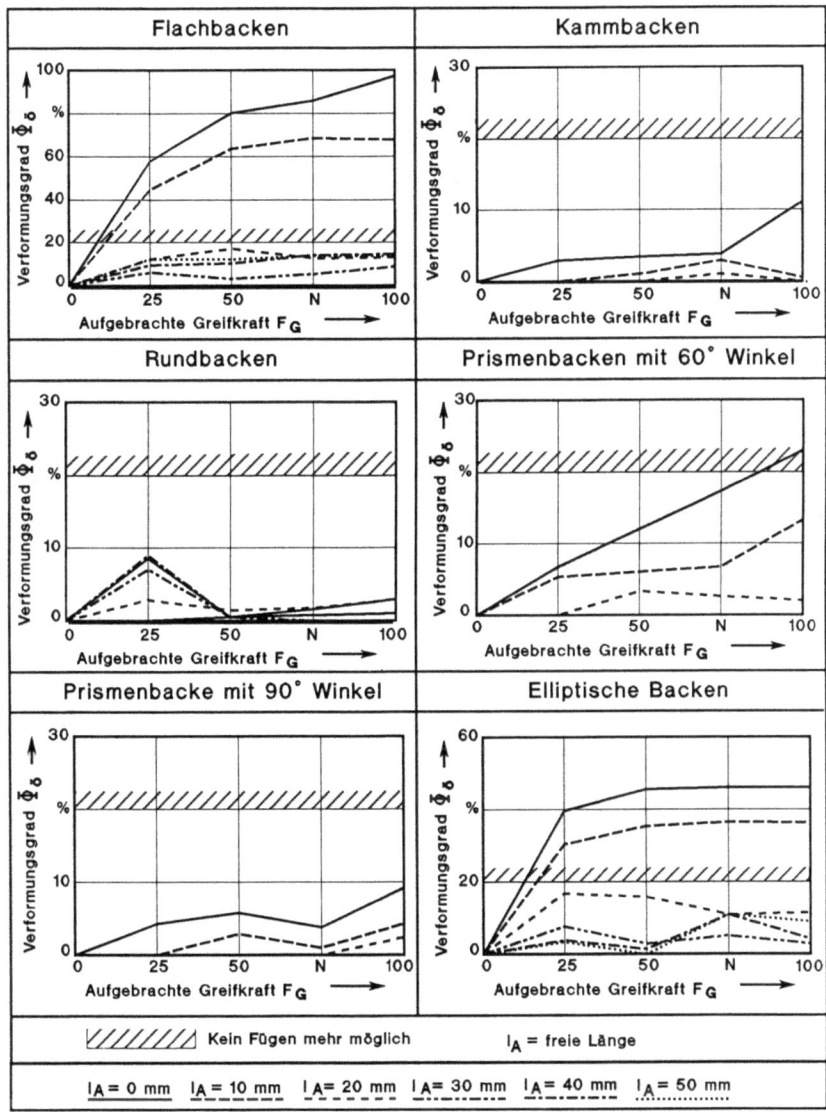

Bild 28: Untersuchung des Verformungsgrades in Abhängigkeit von Greifkraft, Greiferbackenform und freier Länge

Dieser liegt bei allen Greiferbackenformen, wie aus den Versuchen hervorging, bei ungefähr 20 %. Es zeigt sich, daß bei Flachbacken selbst bei großen freien Längen (15 mm) und kleinen Greifkräften (20 N) kein Fügen mehr möglich ist, da eine zu starke Verformung des Öffnungsquerschnittes eintritt. Beim Fügen prismatisch gestalteter Greiferbacken (mit $60°$ Öffnungswinkel) tritt bei einer freien Länge von unter 5 mm und Greifkräften größer als 90 N ein Versagen des Fügevorganges ein. Es kann aber davon ausgegangen werden, daß beim Fügen mindestens freie Längen von 15 mm bis 25 mm aufgrund des zu fahrenden Fügeweges benötigt werden. Keinerlei Einschränkungen sind bei Verwendung prismatischer Backen mit $90°$ Öffnungswinkel, Kammbacken und Rundbacken zu erwarten. Besonders gute Ergebnisse wurden hier bei Verwendung von Rund- und Kammbacke erzielt. Der Verformungsgrad betrug hier nicht mehr als 10 %.

6.3.2 Zusammenhang zwischen Greifkraft und übertragbarer Fügekraft

Die für den Fügevorgang benötigte Fügekraft F_F muß durch die Fügekraftkomponente F_G aufgebracht werden, ohne daß ein Rutschen des Schlauches im Greiferbacken eintritt. Dazu wurden in Abhängigkeit von Greiferbackenform und Fügeteilwerkstoff Versuche durchgeführt.

Das Ergebnis für den Werkstoff PVC ist in Bild 29 aufgetragen. Dabei ist zu sehen, daß bei den Kammbacken gute Ergebnisse erzielt werden. Besonders bei großen Greiferbackenbreiten können große Fügekräfte mit kleinen Greifkräften übertragen werden. Nur bei kleinen Greiferbackenbreiten und hohen Steifigkeiten (große Wandstärke s_F bzw. größeres Verhältnis d_{iF}/s_F) kann ein besseres Übertragungsverhalten mit Rundbacken erzielt werden, da diese Greiferbackenform sich hier wie "Schneiden" verhalten. Bei Kammbacken tritt deutlich der Effekt des zunehmenden Formschlusses ein, der durch

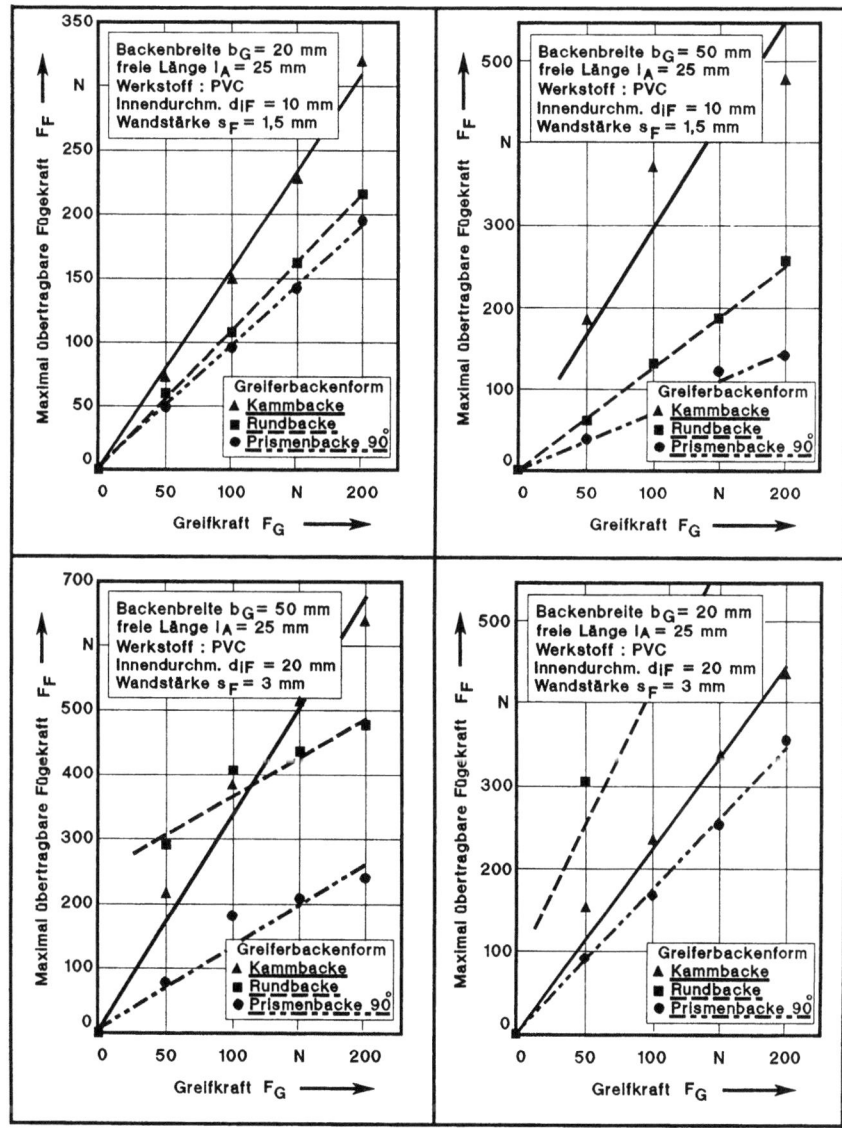

Bild 29: Zusammenhang zwischen Greifkraft und übertragbarer Fügekraft

das "Eingraben" des Werkstoffes zwischen die Zähne des Kammes entsteht.

Es wurde bei verschiedenen Durchmesserverhältnissen, Fügeteilwerkstoffen, Greiferbackenbreiten usw. der Zusammenhang zwischen Füge- und benötigter Greifkraft untersucht.

Es zeigt sich, daß durch den hohen Anteil des Formschlusses die Kammbacke die besten Übersetzungsverhältnisse zwischen Fügekraft und Greifkraft besitzt, d.h. zur Abstützung einer axialen Fügekraft von z.B. 100 N werden bei Verwendung von Kammbacken ungefähr 50 N, bei der Verwendung von Rundbacken 62,5 N und bei der Verwendung von prismatischen Backen 75,75 N Greifkraft benötigt. Die besten Eigenschaften der Fügeteilwerkstoffe in Bezug auf das Übersetzungsverhältnis zwischen Greifkraft und Fügekraft besitzt PVC (Bild 30). Dies hat seinen Grund in der hohen Adhäsionskomponente dieses Werkstoffes.

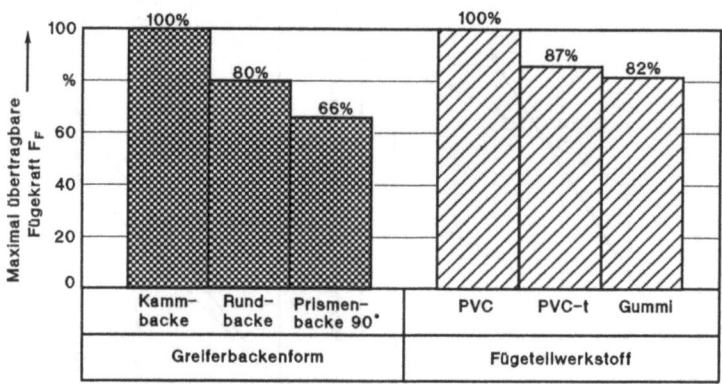

Bild 30: Einfluß von Werkstoff und Greiferbackenform auf die übertragbare Fügekraft

- 73 -

6.3.3 Vergleichende Gegenüberstellung

In Bild 31 sind die Ergebnisse der Untersuchungen zusammengefaßt. Es zeigt sich, daß flache und elliptische Greiferbackenformen zur Montage von Schläuchen nicht geeignet sind. Die besten Ergebnisse wurden besonders bei prismenförmigen Greiferbacken mit 90° Öffnungswinkel (Fügesicherheit, Zentrierung, Verhältnis zwischen maximal möglicher Fügekraft und Greifkraft und Toleranzausgleichsfähigkeit) und den Kammbacken erzielt.

Greiferbackenform Bewertungs- kriterium	Rundbacke	Flachbacke	Prismen- backe 90°	Prismen- backe 60°	Kammbacke	Elliptische Backen
Fügesicherheit	sehr gut	schlecht	sehr gut	gut	sehr gut	schlecht
Zentrierfähigkeit	sehr gut	schlecht	sehr gut	sehr gut	sehr gut	schlecht
Umsetzung der Greifkraft in Fügekraft	gut	schlecht	gut	mittel	sehr gut	schlecht
Möglicher Verformungsgrad Φ_δ	0% - 5%	bis 100 %	5% - 13%	5% - 20%	12% - 16%	5% - 50%
Zulässiger Bereich der freien Länge l_A [mm]	$0 < l_A < l_{AKr}$	$20 < l_A < l_{AKr}$	$0 < l_A < l_{AKr}$	$5 < l_A < l_{AKr}$	$0 < l_A < l_{AKr}$	$20 < l_A < l_{AKr}$
max. u. min. zugreifender Fügeteilaußendurchmesser	90% - 110%	0% - G	90% - 120%	95% - 120%	80% - 195%	70% - 195%
Möglicher Toleranzausgleich beim Greifen	< 1,5 mm	–	< 3,5 mm	< 1,5 mm	< 7,5 mm	–
Herstellungskosten	mittel	gering	mittel	mittel	groß	groß

G = Greifweite (Hub) des verwendeten Greifers
l_{AKr} = kritische freie Länge (ab diesem Wert tritt Versagen durch Knicken auf)

Bild 31: Vergleichende Gegenüberstellung der untersuchten Greiferbacken zur Montage von Schläuchen

Als Ergebnis zeigt sich, daß sich prismen- und kammförmige Greiferbacken am besten zum Greifen von Schläuchen eignen.

6.4 Berechnung von Montageparametern und Simulation des Montageprozesses

Zur Reduzierung des Versuchsaufwandes werden zur Ermittlung der wichtigsten Montageparameter Rechenverfahren entwickelt bzw. ihre Tauglichkeit untersucht.

6.4.1 Berechnung ausgewählter Montageparameter mit Hilfe von analytischen Rechenformeln

6.4.1.1 Ermittlung der Fügekraft

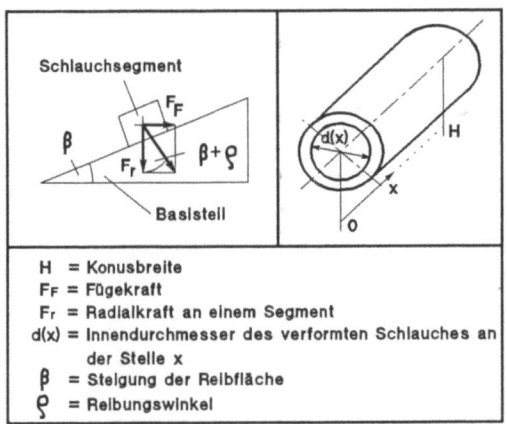

Bild 32: Kräfteverhältnisse beim Fügen von Schläuchen

Für das Kräftegleichgewicht am Keil gilt:

$$F_F = F_r \eta \quad (1)$$

mit

$$\eta = \frac{\mu + \tan \beta}{1 - \mu \tan \beta} \quad (2)$$

β = Steigung der Reibfläche,
F_F = Fügekraft,
F_r = Radialkraft an einem Segment,
μ = Reibungskoeffizient.

Die Radialkraft F_r ergibt sich aus der Flächenpressung P_F über einer Segmentfläche (Bild 32):

$$F_r = \pi \, p_F \, d(x) \, dx \qquad (3)$$

Bei der Preßpassung gilt bei der Aufweitung des äußeren Ringes am Innenrand (2-achsiger Spannungszustand, σ_z wird vernachlässigt):

$$\varepsilon_a \cdot E_F = \sigma_t - \nu \sigma_r \qquad (4)$$

Mit den Formeln für die Spannungen σ_t und σ_r am Innenrand eines dickwandigen Hohlzylinders gilt /39/:

$$\varepsilon_a = \frac{p_F}{E_F} (M + \nu) \qquad (5)$$

mit

$$M = \frac{\dfrac{d_{aF}^2}{d_{iF}^2} + 1}{\dfrac{d_{aF}^2}{d_{iF}^2} - 1} \qquad (6)$$

Weiterhin gilt:

$$\varepsilon_a = \frac{U - U_0}{U_0} = \frac{d(x) - d_{iF}}{d_{iF}} \qquad (7)$$

Damit gilt allgemein für die Fügekraft:

$$F_F(x) = \frac{E_F \pi}{M+\nu} \int_0^H \left[\frac{\mu + \tan\beta(x)}{1 - \mu \tan\beta(x)} \cdot \frac{d(x) - d_{iF}}{d_{iF}} d(x) \right] dx \quad (8)$$

F_F = Fügekraft,
E_F = Elastizitätsmodul des Schlauches,
ν = Querkontraktionszahl,
μ = Reibwert,
$d(x)$ = Innendurchmesser des verformten Schlauches an der Stelle x,
d_{iF} = Innendurchmesser des unverformten Schlauches.

Die Ergebnisse dieser Formel gelten bei dickwandigen Schläuchen ($d_{aF}/d_{iF} \geq 1,2$). Weiterhin gilt:

$$E_F \ll E_B$$

E_B = Elastizitätsmodul des Basisteils,
E_F = Elastizitätsmodul des Fügeteils.

a) Basisteilgeometrie A

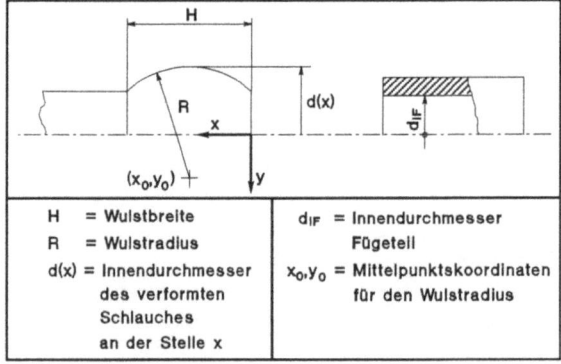

H	= Wulstbreite	d_{IF}	= Innendurchmesser Fügeteil
R	= Wulstradius		
$d(x)$	= Innendurchmesser des verformten Schlauches an der Stelle x	x_0, y_0	= Mittelpunktskoordinaten für den Wulstradius

Bild 33: Bezeichnungen bei der Basisteilgeometrie A

Die Berechnung des Integrals wird mit Hilfe der Kepler'schen Faßregel durchgeführt:

$$\int_a^c f(x)\, dx = \frac{c-a}{6} \left[f(a) + 4 f\left(\frac{a+c}{2}\right) + f(c) \right] \qquad (9)$$

mit $f(x) = \dfrac{\mu + \tan \beta (x)}{1 - \mu \tan \beta (x)} \cdot \dfrac{d(x) - d_{iF}}{d_{iF}} \, d(x)$ \qquad (10)

Zur Bestimmung von $\tan \beta (x)$ gilt folgendes:

$$y = \tfrac{1}{2} d(x) = y_0 - \sqrt{R^2 - (x - x_0)^2} \qquad (11)$$

mit $\quad y_0 = R - \dfrac{d_{aB}}{2} \qquad (12)$

und $\quad \tan \beta (x) = \dfrac{dy}{dx} = - \dfrac{(x_0 - x)}{\sqrt{R^2 - (x-x_0)^2}} \qquad (13)$

Für die runde Form gilt damit:

$$F_F(x) = \frac{E_F \pi}{M + \nu} \cdot \frac{H}{6} \left[f(o) + 4 f\left(\frac{H}{2}\right) + f(H) \right] \qquad (14)$$

b) Basisteilgeometrie B

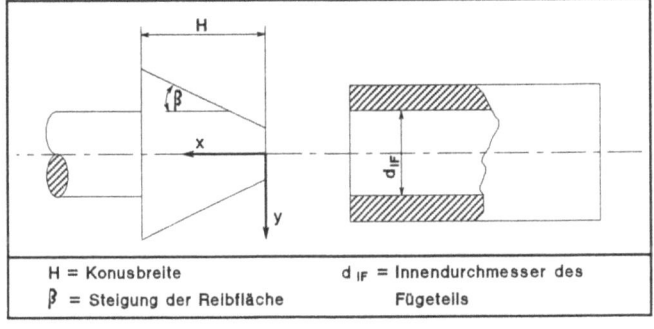

H = Konusbreite
β = Steigung der Reibfläche
d_{IF} = Innendurchmesser des Fügeteils

<u>Bild 34:</u> **Bezeichnungen für die Basisteilgeometrie B**

Wenn (x) = const. dann gilt tan β(x) = const = b, (15)
damit ist mit

$$P = \frac{E_F \pi}{M + \nu} \cdot \frac{\mu + b}{1 - \mu b} \quad (16)$$

$$F_F(x) = P \int_0^H \left[\frac{d(x) - d_{iF}}{d_{iF}} \cdot d(x) \right] dx. \quad (17)$$

Da d(x) eine lineare Funktion ist, gilt:

$$d(x) = d_{iF} + 2b\,H. \quad (18)$$

(16) und (18) eingesetzt in (17) gibt:

$$F_F(x) = Nx^2 \left(1 + \frac{4}{3} \frac{b}{d_{iF}} x\right) \quad (19)$$

mit $\quad N = \dfrac{E_F \pi b}{M + \nu} \dfrac{\mu + b}{1 - \mu b} \quad$ (20)

und $\quad b = \tan \beta \quad$ (21)

Gleichung (19) stellt die Lösung der Berechnung der Fügekraft F_F dar. Werden nun die Ergebnisse der Formeln (14) und (19) mit den im Versuch ermittelten Werten verglichen, so zeigen sich große Abweichungen. Da die Formeln (14) und (19) jedoch tendenziell richtige Ergebnisse erbringen, bietet es sich daher an, die Werte mit Hilfe von experimentell ermittelten Korrekturfaktoren zu verbessern (Bild 35).

Mit den Korrekturwerten gilt:

$$F_{Fk}(x) = S_F \cdot K_{ges} \cdot F_F(x) \quad \text{mit } S_F = 1,5 \quad (22)$$

$$K_{ges} = K_1 \cdot K_2 \cdot K_3 \cdot K_4 \quad (23)$$

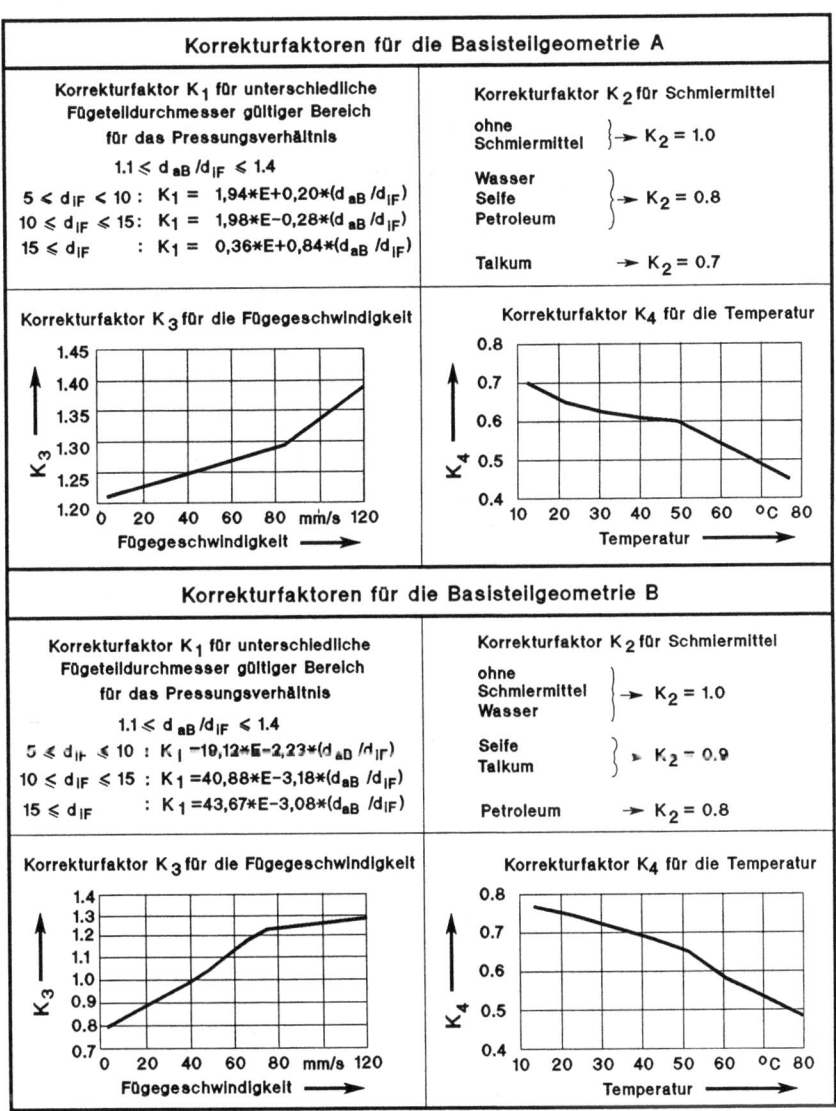

Bild 35: Korrekturfaktoren zur Berechnung der Fügekraft

Die Korrekturfaktoren wurden aus den im Versuch ermittelten Ergebnissen abgeleitet.

Formel (14) und (19) gelten in folgenden Grenzen:

- $d_{iF} \geq 5$ mm,
- $v_F < 130$ mm/s,
- runde und konische Basisteilgeometrie,
- näherungsweise dickwandige Schläuche,
- elastische Beanspruchung der Fügeteile.

Mit den nun so korrigierten Formeln (14) und (19) konnten Ergebnisse mit Unsicherheiten von unter 15 % erreicht werden (Bild 36). Das reicht zur Auslegung vollkommen aus.

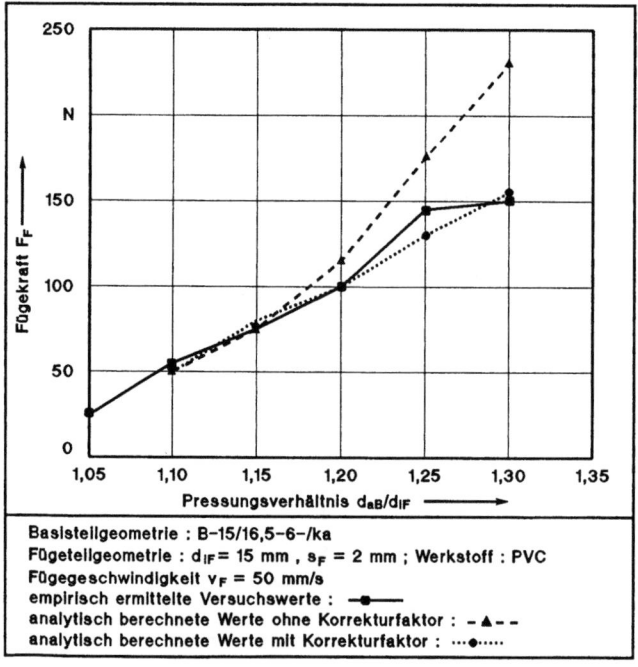

Bild 36: Vergleich von Rechen- und Versuchsergebnissen

6.4.1.2 Abschätzung der freien Länge

Der Bereich der freien Länge wird durch den zu verfahrenden Fügeweg x_F und die Knicklänge l_{AKr} festgelegt. Es gilt:

$$x_F + 5 \text{ mm} < l_A < l_{AKr} \qquad (24)$$

Zum Fügeweg x_F wird ein Sicherheitsfaktor von 5 mm zugeschlagen, um beim Fügen ein Aufsetzen der Greiferbacken auf das Basisteil und damit verbundener

- Beschädigung des Basisteils
- Beschädigung des Greifers
- Erzeugung hoher Fügereaktionskräfte (wirken auf den Industrieroboter)

zu verhindern.

Die Knicklänge l_{AKr} kann hinreichend genau nach den Euler'schen Knickfällen abgeschätzt werden. In der Kontaktphase tritt hierbei der 1. Euler'sche Knickfall auf. Für die Knicklänge (= kritische Länge) l_{AKr} gilt:

$$l_{AKr} = \pi \sqrt{\frac{E_F \, I_y}{F_F}} \qquad (25)$$

6.4.2 Berechnung ausgewählter Montageparameter und Simulation des Montageprozesses mit Hilfe der Finite-Elemente-Methode

Da die analytische Berechnung für sehr wenige Montageparameter möglich ist, wurde zur Berechnung die Methode der Finiten-Elemente untersucht. Zur Berechnung der Montageparameter und zur Simulation des Montageprozesses wurde das Finite-Elemente-Programm MARC und als Pre- und Postprozessor das Programm MENTAT verwendet.

Das Basisteil wird bei der Modellierung der Montagepartner als vollkommen starr angenommen. Das Fügeteil wurde in radialer Richtung in drei Ringe abgebildet. In axialer Richtung wurden insgesamt 21 Elemente verwendet.

6.4.2.1 Berechnung der Fügekraft

In Bild 37 ist der Vergleich von Ergebnissen der Finite-Elemente-Rechnung mit Versuchsergebnissen dargestellt.

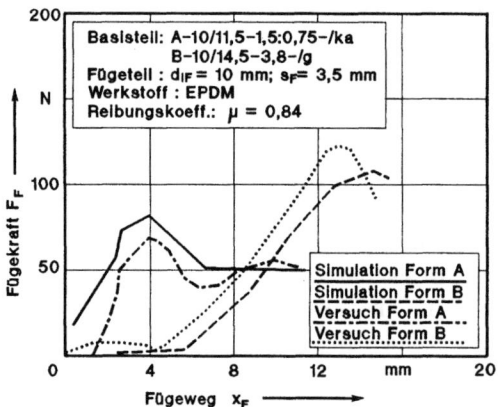

Bild 37: Vergleich von Simulation und Versuch bei der Ermittlung der Fügekraft

Insgesamt wurden bei allen Berechnungen nicht mehr als 20 % Fehler zwischen Versuch und Berechnung festgestellt. Dies ist zur Auslegung einer Montagestation für Schläuche vollkommen ausreichend.

6.4.2.2 Berechnung der benötigten Greifkraft

Der Vergleich der modellierten Einspannverhältnisse ergab bessere Ergebnisse bei an der Fügeteilaußenfläche angebrachten Lagerungen. Damit war es auch einfach möglich, die auf die Greiferbacken wirkenden Kräfte während des Fügevorganges zu berechnen (Bild 38).

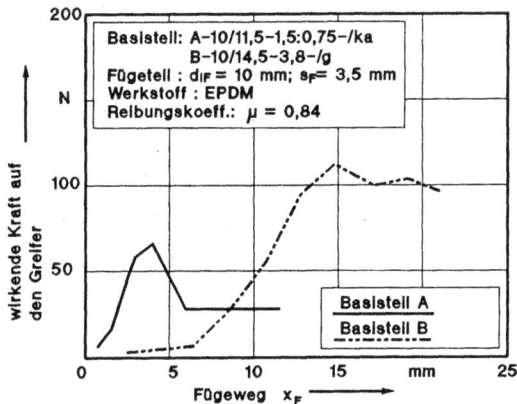

Bild 38: Wirkende Kräfte auf die Greiferbacken

Die Kräfte auf die Greiferbacken betrugen hier je nach Fügekraft zwischen 70 und 105 N. Dieser Wert entspricht den vom Greifer aufzubringenden Mindestschließkräften, die im Versuch ermittelt wurden.

6.4.2.3 Stauchung der Schlauchschale während des Fügeprozesses

Durch Fügereaktionskräfte und -momente tritt beim Fügevorgang eine Stauchung des Fügeteils ein (Bild 39). Aus der Größe der Stauchung können folgende Aussagen abgeleitet werden:

- Schlauchzone instabilen Zustandes (Gefahrenquellen für Versagen beim Fügevorgang),
- zusätzlich zu programmierender Verfahrweg des Industrieroboters kann errechnet werden,
- Aussage über Fügewahrscheinlichkeit.

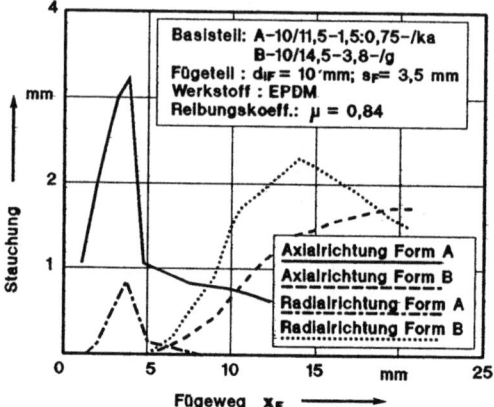

Bild 39: Stauchung des Schlauches während des Fügevorganges

Beim Fügen wird das Fügeteil zwischen Basisteil und Greifer analog einer Feder zusammengedrückt. Dabei wird in diesem Schlauchstück Energie gespeichert. Der Industrieroboter fährt während des Fügevorganges seine vorprogrammierte Bahn ab. Ist nun der Fügevorgang beendet (laut Programmierung), wird der Greifer geöffnet. Dabei wird die im Schlauch gespeicherte Energie frei. Vorprogrammierter Fügeweg und real gefahrener Fügeweg stimmen dabei durch die Stauchung nicht mehr überein. Aus der Größe der berechneten Stauchung kann nun ein Korrekturwert für den vom Industrieroboter noch zu fahrenden Fügeweg x_F ermittelt werden.

Der Kurvenverlauf in Bild 39 liefert ebenfalls eine Aussage über die Fügewahrscheinlichkeit. Sind die Amplitudenhöhe und die Amplitudenbreite in axialer Richtung sehr klein, so ist die Fügewahrscheinlichkeit sehr hoch. Bei einer sehr großen Amplitude und großer Amplitudenbreite ist die Fügewahrscheinlichkeit sehr gering, während bei einer hohen Amplitude mit großem Abfall (also sehr spitzem Verlauf) die Fügewahrscheinlichkeit bei entsprechender Fügestrategie groß ist.

6.4.2.4 Berechnung von Montageparametern bei asymmetrischen Montagevorgängen

Ein weiterer wichtiger Parameter, der zum Gelingen des Montagevorganges von großer Bedeutung ist, ist die maximal zulässige Toleranz, die zwischen Füge- und Basisteil auftreten darf. Zur Berechnung dieses Montagefalls wurde ein dreidimensionales Werkstückmodell erstellt. Es umfaßt ebenfalls drei Schichten mit insgesamt 538 Elementen. Bild 40 zeigt das Ergebnis der Berechnung. Es tritt dabei kein Versagen des Fügevorganges bis zu Exzentrizitäten von 3,0 mm ein. Dieses stimmt mit den im Versuch ermittelten Versagenswerten überein. In Bild 40 ist deutlich das Versagen durch Ausknicken und damit verbundenem Vorbeirutschen am Basisteil bei einer Exzentrizität von 3,0 mm zu sehen.

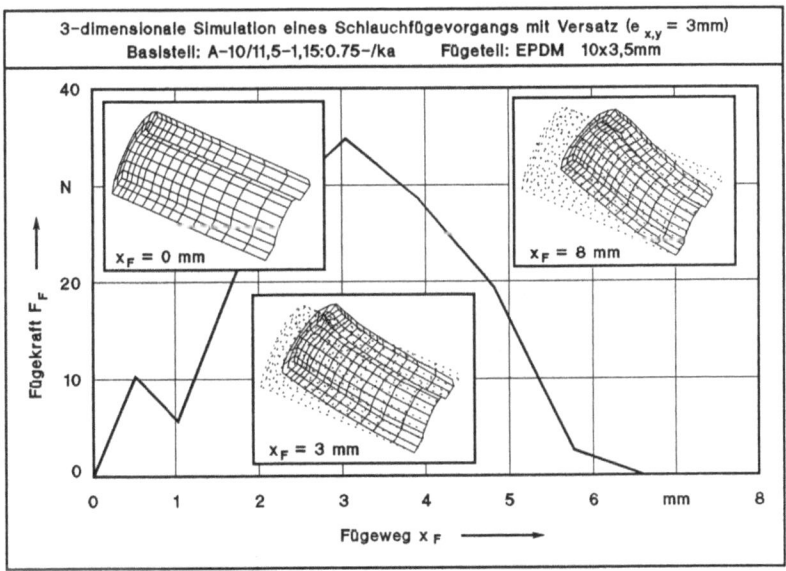

Bild 40: Ermittlung der noch fügbaren Exzentrizität

6.4.2.5 Simulation des Montagevorganges

Nicht nur die Kenntnis der Montageparameter, sondern auch die Simulation des Montagevorganges (z.B. eines Schlauches über einen Kühlerstutzen) ist für das Gelingen des Montageprozesses wichtig. Aus der Kenntnis des Fügeablaufes können folgende Schlüsse gezogen werden:

- Machbarkeit des geplanten Fügeablaufes,
- Gestaltung der Basisteilgeometrie (Ziel ist hier die Optimierung des Fügeablaufes),
- Wahl des Basisteilwerkstoffes (Reibverhältnisse),
- Wahl des Fügeteilwerkstoffes (Reibverhältnisse, Verformungsfähigkeit des Fügeteilwerkstoffes),
- Gestaltung der Montagezelle (hier besonders Einbindung von Fügehilfeeinrichtungen und die Gestaltung der Greiferbackengeometrie),
- Entscheidungshilfe für die Auswahl der geeigneten Fügestrategie (Optimierung der Fügebewegungen).

Vier Phasen eines Fügevorganges beim Montieren von Fügeteilen aus Gummi über Basisteile mit unterschiedlicher Geometrie sind in Bild 41 dargestellt. Dabei zeigt sich, daß bei Basisteilen mit runder Geometrie und ohne Zentrierstrecke beim ersten Kontakt zwischen Füge- und Basisteil ein Einknicken des Fügeteils stattfinden kann (Aufsetzen des Schlauches auf dem Basisteil). Nach einem Vorschub des Basisteils um eine Anzahl Inkremente "schnappt" das Fügeteil plötzlich über das Basisteil.

In Versuchen tritt hier in 50 % der Fälle ein Versagen durch Einrollen auf. Dies kann durch geeignete Wahl der Fügestrategie vollständig ausgeschlossen werden (optimale Wahl der Bewegung zwischen Füge- und Basisteil). Weiterhin kann durch eine geeignete Gestaltung des Basisteilanlaufes durch Verwendung von Schmiermitteln diesem Phänomen vorgebeugt werden.

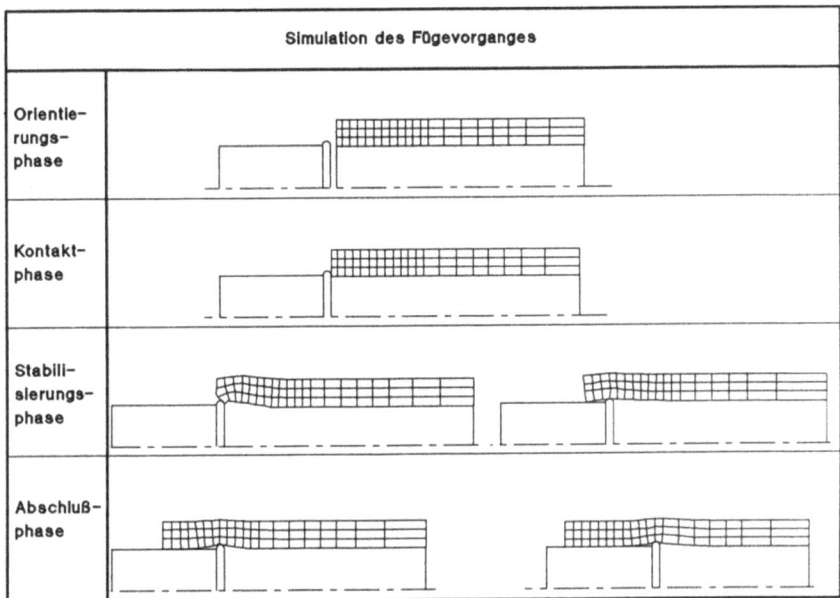

Bild 41: Simulation des Fügevorganges mit Hilfe der FE-Methode

6.4.3 Vergleich von Finite-Elemente-Rechnung, analytischer Berechnung und Versuch

Aus dem Vergleich von Versuchen, analytischer Berechnung sowie Berechnung und Simulation mit Hilfe der Finite-Elemente-Methode geht hervor, daß eine gute Übereinstimmung der Ergebnisse zu verzeichnen ist. Die Fehler, die bei der Berechnung der Montageparameter mit Hilfe der Finite-Elemente-Methode auftraten (Größenordnung zwischen 15 % und 20 %), resultierten vornehmlich aus der Differenz zwischen realem Werkstoffverhalten und idealem Werkstoffmodell. Es sind folgende Gründe maßgeblich:

- große Toleranzen der Fügeteilgeometrie (Unterschiede zwischen realem Körper und idealem Modell),
- Reibverhältnisse sind nur grob abbildbar, da Effekte wie

Adhäsion nicht mit in die Berechnung einbezogen werden können,
- Werkstoffmischungen sind höchst unterschiedlich (besonders bei Thermoplasten),
- das Werkstoffgefüge ist oft stark ungleichmäßig.

Die Simulation des Fügevorganges ist mit Hilfe der Finite-Elemente-Methode sehr gut abbildbar. Es ist möglich, nicht nur statisch einzelne Schritte des Fügevorganges losgelöst voneinander zu simulieren und die dabei wirkenden Parameter zu berechnen, sondern dynamisch den gesamten Fügevorgang über einem vorgegebenen Fügeweg zu simulieren.

Durch Variation der auf den Montageprozeß einwirkenden geometrischen und technologischen Parameter ist es möglich, ein Optimum zwischen funktionalen bzw. konstruktiven Erfordernissen (z.B. Dichtwirkung, Fügeweg etc.) einerseits und montagetechnischen Erfordernissen andererseits (z.B. Auswahl der optimalen Fügestrategie, möglichst geringe Fügekräfte und -momente, kleine Pressungsverhältnisse, geringe Fügezeiten, geringe Reibung durch günstige Wahl der Füge- und Basisteilwerkstoffe) zu erreichen. Durch die Anwendung der Finite-Elemente-Methode ist eine flexibel automatisierte Montagestation für Schläuche ohne eine sonst nötige große Vielzahl von Untersuchungen und Experimenten möglich.

Im Gegensatz zur universell einsetzbaren Finite-Elemente-Methode eignen sich analytische Rechenverfahren nur zur überschlägigen Berechnung weniger Montageparameter (Fügekraft, freie Länge).

7 Entwicklung von Methoden zum Toleranzausgleich

Wie schon in Kapitel 3.1.6 beschrieben, müssen Methoden zum Toleranzausgleich zwischen Füge- und Basisteil entwickelt werden.

Dabei kann zwischen vier grundsätzlichen Methoden zum Toleranzausgleich unterschieden werden:

- aktiver Toleranzausgleich,
- passiver Toleranzausgleich,
- Fügestrategien,
- Kombination der 3 oben angeführten Toleranzausgleichsmethoden.

Methoden mit aktivem Toleranzausgleich umfassen eine Korrektur der Toleranz über Sensoren, die Winkelfehler bzw. Exzentrizitäten meßtechnisch erfassen und in Korrekturwerte umrechnen. Anschließend werden diese der Industrierobotersteuerung vorgegeben. Als Meßwertaufnehmer sind hier optische (z.B. Kamerasysteme) und taktile Sensoren geeignet.

Beim passiven Toleranzausgleich werden dagegen mechanische Glieder mit definierter Steifigkeit verwendet (z.B. Remote Center Compliance). Im Zusammenhang mit der Montage von Schläuchen müssen folgende Elemente untersucht werden:

- Nachgiebigkeit der am Montageprozeß beteiligten mechanischen Glieder (Industrieroboter, Greifer, Greiferwechselsystem etc.),
- Nachgiebigkeit der Fügeteile (fügeteilintegrierte Compliance),
- Einfluß zusätzlicher Elemente mit definierter Steifigkeit (Greiferaufhängung).

Eine dritte Möglichkeit, die sich zum Toleranzausgleich bietet, ist die Anwendung von Fügestrategien. Darunter versteht man programmierte vom Industrieroboter durchgeführte definierte kinematische Bewegungen des Industrieroboters um das Basisteil. Dies ist ausschließlich durch die Nachgiebigkeit des Fügeteilwerkstoffes beim Fügen biegeschlaffer Teile möglich.

Der Einsatz von Fügestrategien hat den Vorteil, daß fast kein Sensoraufwand benötigt wird, was sowohl die Wirtschaftlichkeit als auch die Verfügbarkeit erhöht. Das Toleranzkompensationsfeld (TKF) beschreibt dabei die ausgleichbaren Toleranzen e_x, e_y, e_z.

7.1 Methode des passiven Toleranzausgleichs

7.1.1 Ausgleich mit Hilfe von Elementen definierter Nachgiebigkeit

Durch Anwendung von Elementen definierter Nachgiebigkeit ist es beim klassischen Bolzen-Lochproblem möglich, Exzentrizitäten von 1 mm bis 2 mm und Winkelfehler zwischen $1°$ und $2°$ auszugleichen /40/. Bei der Montage von biegeschlaffen Teilen muß aber noch die durch den Werkstoff bedingte vorhandene Nachgiebigkeit des Fügeteils berücksichtigt werden. Weiterhin geht die Nachgiebigkeit aller am Montagevorgang beteiligten mechanischen Glieder in die Kompensationsfähigkeit des Gesamtsystems ein.

In einem ersten Schritt wurde die Tauglichkeit von üblichen Gummielementen ($c_x = c_y = 21$ N/mm) auf die Möglichkeit zum Toleranzausgleich untersucht. Durch die abzustützenden Fügekräfte (bis zu 250 N) war die Nachgiebigkeit zu groß.

Es wurde ein Toleranzausgleichsmodul aus mit 3 durch Stahlfedern verbundenen Platten entwickelt und dieses auf die benötigte Nachgiebigkeit ausgelegt (Bild 42).

Mit dem Federparalellogramm konnte die ausgleichbare Toleranz um ca. 15 % bis 20 % gegenüber der nur allein durch die

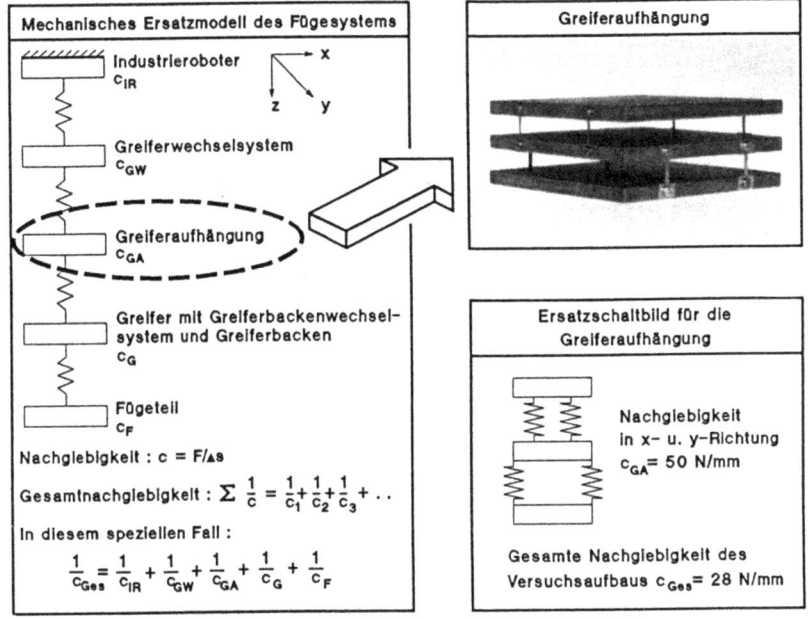

Bild 42: Mechanisches Ersatzmodell des Fügesystems und verwendete Greiferaufhängung

integrierte Werkstückcompliance ausgleichbare Toleranz erhöht werden.

In Bild 43 wurde die kompensierbare Exzentrizität über der Nachgiebigkeit der verwendeten Kinematikkette für einen Fügefall aufgetragen. Es ist zu sehen, daß ab einem bestimmten Wert (18,5 N/mm) die Toleranzkompensationsfähigkeit stark zunimmt bis ein Optimum durch exakte Auslegung des Kompensationsmoduls (in diesem Fall Federparallelogramm mit 50 N/mm) bei c_{ges} = 28 N/mm erreicht wird. Mit weiter zunehmender Nachgiebigkeit der Gesamtkette nimmt die Kompensationsfähigkeit wieder leicht ab.

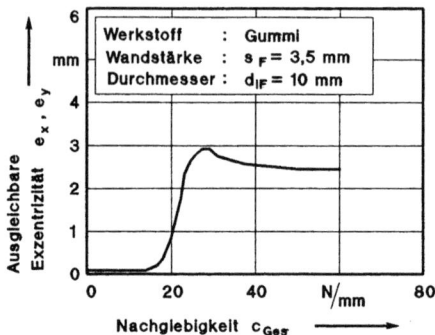

Bild 43: Einfluß nachgiebiger Elemente auf die ausgleichbare Exzentrizität

Die werkstückintegrierte Nachgiebigkeit spielt hinsichtlich der Größe des Toleranzkompensationsfeldes eine große Rolle. Es wurde nun bei drei unterschiedlichen Werkstoffen deren Kompensationsfähigkeit durch werkstückintegrierte Nachgiebigkeit untersucht. Es zeigt sich, daß Werkstoffe mit grösserer Nachgiebigkeit auch eine bessere Kompensationsfähigkeit gegenüber Werkstoffen mit geringerer Nachgiebigkeit haben.

Weiterhin konnte nachgewiesen werden, daß die ausgleichbare Exzentrizität und der ausgleichbare Winkelfehler sehr stark mit der Wandstärke der Fügeteile zusammenhängen. Aus den Versuchen ergab sich, daß bei einer Fügegeschwindigkeit von 50 mm/s und einer freien Längen zwischen 25 mm und 30 mm die Toleranzkompensationsfähigkeit allein durch den Werkstoff mit Hilfe von Faustformeln wie folgt abgeschätzt werden kann:

PVC: $e_{x,y} = 0{,}75 \times s_F$; $\alpha = 8°$,
PVC mit Textilverstärkung: $e_{x,y} = 0{,}50 \times s_F$; $\alpha = 10°$,
Gummi mit Textilverstärkung: $e_{x,y} = 0{,}50 \times s_F$; $\alpha = 10°$.

In Bild 44 wurde das mögliche Toleranzkompensationsfeld für maximal mögliche Exzentrizität und maximal möglichen Winkelfehler bei unterschiedlichen Werkstoffen und unterschiedlichen Basisteilgeometrien aufgetragen. Dabei zeigte sich, daß die Basisteilgeometrien nur einen geringen Einfluß auf die Toleranzkompensationsfähigkeit ausüben. Es zeigt sich weiterhin, daß mit zunehmendem Winkel die kompensierbare Exzentrizität leicht zunimmt. Die kompensierbare Grenzexzentrizität tritt hier auf, wenn das Fügeteil nach Beendigung des Fügevorgangs schräg auf dem Basisteil sitzt.

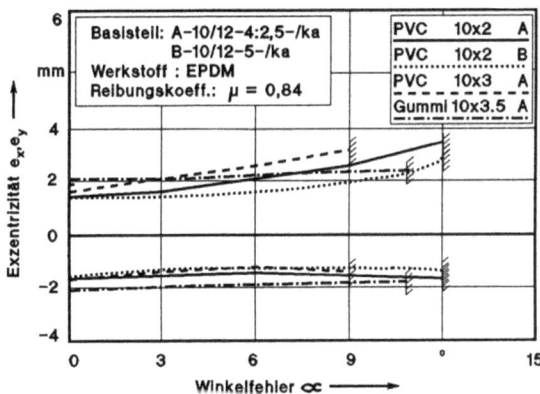

Bild 44: Einfluß des Fügeteilwerkstoffes auf die ausgleichbaren Toleranzen

7.2 Fügestrategien für den Toleranzausgleich

Ein weiteres Hilfsmittel zur Kompensation von Toleranzen sind sogenannte Fügestrategien. Darunter werden Bewegungen des Industrieroboters mit angeflanschtem Greifer und damit des Fügeteils relativ zum Basisteil verstanden.

In den Versuchen wurden jeweils ein Werkstück mit großer und kleiner Steifigkeit und mit folgenden Parametern verwendet:

Werkstück 1: - Fügeteilinnendurchmesser d_{iF} = 8 mm,
- Wandstärke s_F = 3,5 mm,
- d_{aF}/d_{iF} = 1,875.

Werkstück 2: - Fügeteilinnendurchmesser d_{iF} = 34 mm,
- Wandstärke s_F = 4,5 mm,
- d_{aF}/d_{iF} = 1,26.

Die Werkstücke werden im Folgenden mit den Abkürzungen 8 x 3,5 (Werkstück 1) und 34,5 x 4,5 (Werkstück 2) bezeichnet.

Es gibt insgesamt vier Grundfügestrategien, die aus einzelnen funktionalen Bewegungselementen zusammengesetzt sind. Ergänzt werden können diese durch bedarfsweise Unterstützung durch Fügehilfen (z.B. Schwingungen, Erwärmung, Schmierung etc.) und/oder optische und taktile Sensoren. Die prinzipielle Kinematik der einzelnen Fügestrategien und die jeder Fügestrategie eigenen Fügephasen sind in Bild 45 dargestellt.

Die Kinematik einer Strategie wird durch die Anzahl der Freiheitsgrade der Bewegungselemente bestimmt. Dabei kann zwischen zwei grundsätzlichen Krafteinleitungsarten zwischen Füge- und Basisteil unterschieden werden:

- zentrische Krafteinleitung,
- schiefe Krafteinleitung.

Die zentrische Krafteinleitung hat dabei den Nachteil kleinerer Toleranzkompensationsfelder und größerer Anfälligkeit gegenüber Versagen durch asymmetrische Krafteinleitung bei toleranzbehafteten Fügevorgängen. Es kann dabei zum Versagen kommen, wenn die Fügereaktionskraft die kritischen Knick- bzw. Beullasten überschreitet. Die zentrische Krafteinleitung wird bei den Fügestrategien I und II angewandt. Die schiefe Krafteinleitung kommt bei Fügestrategie III und IV

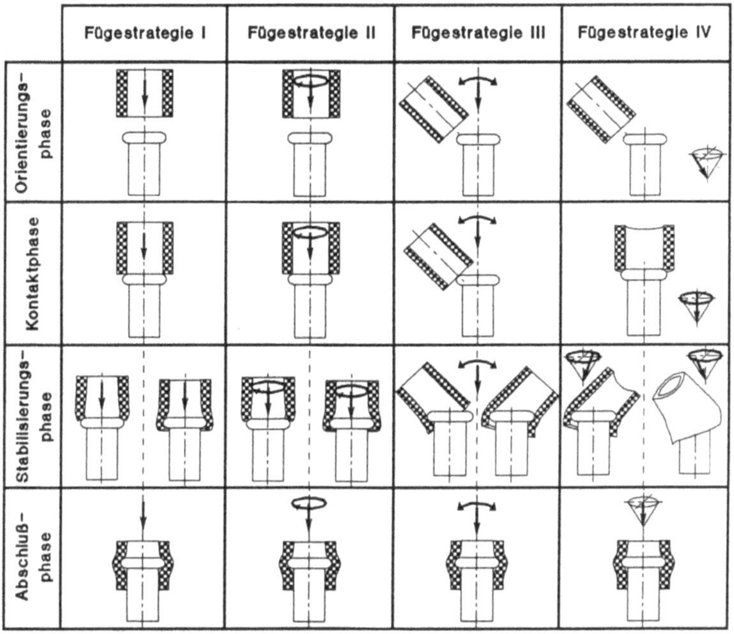

	Fügestrategie I	Fügestrategie II	Fügestrategie III	Fügestrategie IV
Orientierungsphase				
Kontaktphase				
Stabilisierungsphase				
Abschlußphase				

Bild 45: Ablauffolge und Kinematik der entwickelten Fügestrategien

zum Einsatz. Sie ist unempfindlich gegenüber Toleranzen zwischen Füge- und Basisteil. In Bild 46 sind die Idealverhältnisse der schiefen Krafteinleitung dargestellt. Als Schnittpunkt der Fügequerschnittachse ist die äußere Begrenzungskurve des Basisteils zu wählen. Die Wahl der Fügeteilachse in dieser Lage ergibt sich aus der Bedingung, daß die mögliche Exzentrizitäten jeder der drei Raumrichtungen ausgehend von der mittleren Fügerichtung (durch die Fügeteilachse festgelegt) in positiver wie negativer Richtung den gleichen Betrag haben sollte. Dieser ideale Winkel zwischen Fügequerschnitts- und Basisteilachse beträgt dabei 45°. Die Form des Kontaktes bei der Berührung von Füge- und Basisteil bei der schiefen Krafteinteilung ist je nach Toleranz, Anfahrwinkel und geometrischer Gegebenheit ein Ein- oder Zweipunkt-Kontakt und im Sonderfall auch ein Linienkontakt. Der Einpunktkontakt ist für das Gelingen des Fügevorgangs aufgrund der definierten Krafteinleitung am günstigsten. Beim Zweipunktkontakt können asymmetrische Kraftverhältnisse auftreten.

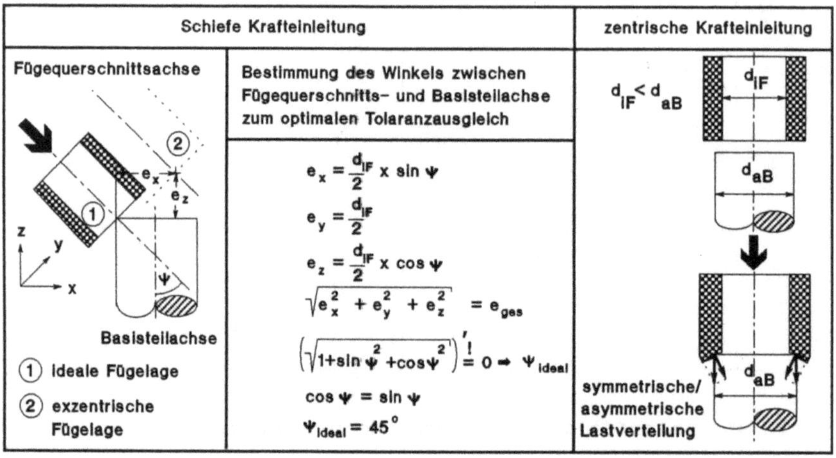

Schiefe Krafteinleitung		zentrische Krafteinleitung
Fügequerschnittsachse ① ideale Fügelage ② exzentrische Fügelage	Bestimmung des Winkels zwischen Fügequerschnitts- und Basisteilachse zum optimalen Toleranzausgleich $e_x = \frac{d_{IF}}{2} \times \sin \psi$ $e_y = \frac{d_{IF}}{2}$ $e_z = \frac{d_{IF}}{2} \times \cos \psi$ $\sqrt{e_x^2 + e_y^2 + e_z^2} = e_{ges}$ $\left(\sqrt{1+\sin^2\psi +\cos\psi^2}\right)' \stackrel{!}{=} 0 \rightarrow \psi_{ideal}$ $\cos \psi = \sin \psi$ $\psi_{ideal} = 45°$	$d_{IF} < d_{aB}$ symmetrische/ asymmetrische Lastverteilung

Bild 46: Zentrische und schiefe Krafteinleitung

Der Fügevorgang setzt als Mindestbedingung eine translatorische Bewegung voraus (Fügestrategie I). Dabei sind die Fügequerschnitts- und Basisteilachsen identisch. Mit diesem Bahnverlauf sind die drei translatorischen Freiheitsgrade der Fügebewegung festgelegt. Für weitere Bewegungsformen können somit nur noch die rotatorischen Freiheitsgrade geändert werden.

Eine Möglichkeit ist die Drehung um die z-Achse (Fügeteilachse). Füge- und Basisteilachse sind auch in diesem Fall identisch. Die Rotation um die z-Achse bewirkt eine Erhöhung der Relativgeschwindigkeit der Oberflächen zueinander, was bei entsprechender Winkelgeschwindigkeit Gleitreibung zur Folge hat. Strategie I und II setzen zentrische Krafteinleitung in der Kontaktphase voraus.

Die Fügestrategie III setzt sich aus der translatorischen Bewegung in z-Richtung und einer Kippbewegung entweder um die x- oder y-Achse (Symmetrieeigenschaft des Fügeteils) zusammen. Diese Bewegungsform kann mit einem Kippvorgang verglichen werden, der in der manuellen Montage häufig Anwendung findet. Weiterhin ist die Fügestrategie gekennzeichnet durch asymmetrische Verformungen, die während des Fügevorganges entstehen. Diese werden durch abwechselnde, jeweils einseitige Kippvorgänge zwischen den Fügepartnern hervorgerufen. Das Toleranzkompensationsfeld wird deshalb dementsprechend eine asymmetrische Form besitzen, d.h. der maximale Toleranzausgleich in Drehachsenrichtung wird nicht identisch mit dem Toleranzausgleich senkrecht zur Drehrichtung sein (Bild 47). Es kommt zur Ausbildung eines elliptischen Toleranzkompensationsfeldes.

Bei der Fügestrategie IV wird die translatorische Bewegung in z-Richtung mit einer Kreisolbewegung um die z-Achse kombiniert. Bedingung dabei ist, daß sich der Fußpunkt des Normalenvektors auf der Fügeteilquerschnittsfläche translatorisch auf der Basisteilachse bewegt. Die Rotation der Fügeteilachse im Raum kann in regelmäßiger oder unregelmäßiger Form erfolgen. Als Grundbewegungsform wird eine Bahn des Normalenvektors auf einem Kegelmantel festgelegt. Unregelmäßige Bewegungen sind durch überlagerte Taumelbewegungen charakterisiert.

Der Anfahrwinkel bei Fügestrategie III muß größer als 30° sein (Optimum = 45°). Bei der Fügestrategie IV ist ein Mindestwinkel von 20° zwischen Richtungsvektor und Normalenvektor sinnvoll.

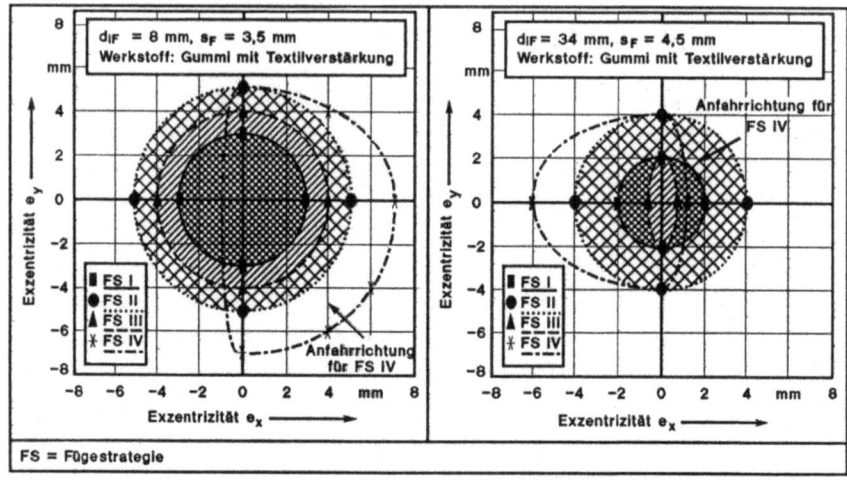

Bild 47: Ausbildung des Toleranzkompensationsfeldes der Fügestrategien

Wie schon in Kapitel 4 beschrieben, hat beim Fügevorgang die Stabilisierungsphase eine zentrale Bedeutung. Grundbedingung bei der Bewegungsgestaltung ist hier die Herabsetzung der Reibung zwischen Füge- und Basisteil. Dies geschieht durch Vermeiden von kurzzeitigen örtlichen Haftreibungszuständen (aufgrund fehlender Relativbewegung der Oberflächen zwischen Füge- und Basisteil) und damit verbundenem Auftreten des Stick-Slip-Effektes. Es ist daher anzustreben, durch Gleitreibung hervorgerufene Reibkräfte zu erzeugen, da diese wesentlich geringer sind als die durch Haftreibung erzeugten Kräfte. Weiterhin kann es durch Mikroverhakungen zwischen den Oberflächen von Basis- und Fügeteil zum Versagen durch Einrollen etc. kommen.

Durch eine fügeteilgerechte Belastungsverteilung kann ein Versagen des Fügevorganges verhindert werden. Hier liegt der Gedanke zugrunde, daß biegeschlaffe Teile gegen Zugbelastungen unempfindlicher sind als gegen Belastungen z.B. durch Druck und Biegung. Es müssen deshalb die Bewegungselemente der Fügestrategien derartig gestaltet werden, daß notwendige Belastungen der Fügeteile als Zugbelastungen ausgelegt werden.

Ein wichtiger Parameter, der die Auswahl der Fügestrategien einschränkt, ist der zur Verfügung stehende Fügeraum. Der Fügefreiraum ist bei den Fügestrategien I und II sehr klein, während bei den Fügestrategien III und IV relativ große Raumanforderungen bestehen.

Ein weiterer Punkt ist die Tauglichkeit der Fügestrategien beim Einsatz zum Fügen des zweiten bis n-ten Fügeendes. Dabei muß beachtet werden, daß durch Fügen des ersten Fügeendes über das erste Basisteil die Beweglichkeit des zweiten bis n-ten Ende des Schlauches eingeschränkt wird. Da die translatorische Bewegung für sämtliche Fügestrategien Grundbedingung ist, unterscheiden sie sich nur durch die überlagerten Rotationsbewegungen. Die Rotationsbewegungsformen lassen sich in hin- und hergehenden Bewegungen (z.B. Fügestrategie III) und in kontinuierliche Bewegungsabläufe (z.B. Fügestrategie II) aufteilen. Kontinuierliche Rotationsbewegungen beeinträchtigen den Einsatz einer Strategie beim Fügen des zweiten bis n-ten Endes erheblich. Sie scheiden in der Regel damit zum Toleranzausgleich aus. Dies betrifft die Fügestrategien II und IV in kontinuierlicher Ablaufform. Für die genannten Fügestrategien ist jedoch auch eine modifizierte Rotationsbewegung möglich (hin- und hergehende Bewegung), so daß sie in dieser abgewandelten Form angewandt werden können.

Um nun die einzelnen Fügestrategien anwenden zu können, müssen Industrieroboter mit entsprechender Kinematik ausgewählt werden. Als Mindestforderung gilt hier:

$$m_S \leq m_{IR}$$

m_S Anzahl der kinematischen Freiheitgrade der Fügestrategie,

m_{IR} Anzahl der Freiheitsgrade des Industrieroboters.

Die für die 4 erläuterten Fügetrategien jeweils geeigneten Kinematiktypen sind in Bild 48 zusammengestellt.

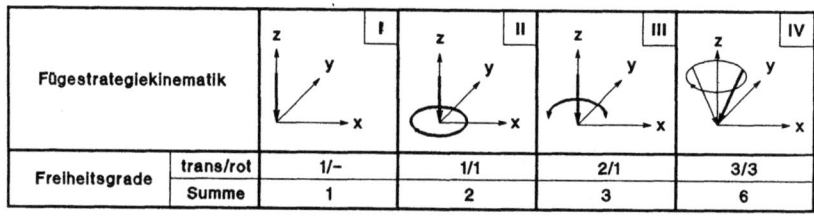

Bild 48: Zusammenhang zwischen Roboterkinematik und
Kinematik der Fügestrategie

Im folgenden muß nun die Eignung der einzelnen Fügestrategien hinsichtlich unterschiedlicher, auf sie einwirkender Montageparameter untersucht werden. Ziel der Versuche ist eine genaue Abstimmung der Toleranzkompensationsfelder der einzelnen Fügestrategien in Bezug auf die auf den Montageprozeß einwirkenden Montageparameter. Von entscheidender Bedeutung ist dabei die optimale Abstimmung sämtlicher Montageprozeßparameter, deren Kennfelder ebenfalls in den folgenden Abschnitten bestimmt werden.

7.2.1   Geometrische Einflußparameter

7.2.1.1   Greifzone

Die Lage der Greifzone am Werkstück und hier besonders der Winkel zwischen Fügeteilquerschnittsachse und Greiferquerschnittsachse und die freie Länge l_A sind von grundsätzlicher Bedeutung für die Automatisierbarkeit.

In Bild 49 sind die Fügestrategien in Abhängigkeit von unterschiedlichen geometrischen Faktoren aufgetragen. Es wurde die Lage der Greifzonen bei unterschiedlichen Schlauchformen untersucht. Weiterhin ist die Eignung der Fügestrategien für große Innendurchmesser mit kleiner Wandstärke und für kleine Innendurchmesser mit großer Wandstärke aufgetragen.

Für nicht ideale Lagen der Greifzonen ist die Verwendungsfähigkeit der Fügestrategien I und III stark begrenzt (besonders bei Schläuchen mit $\varphi > 180°$ und $\varphi = 90°$ bis $180°$), da hier Versagen durch Beulen, Knicken, Einrollen etc. einsetzt. Mit zunehmendem Abstand der Greifzone vom Fügequerschnitt und steigendem Winkel zwischen Füge- und Greifquerschnittsachse führt auch die Fügestrategie IV nur zu begrenztem Erfolg.

Weiterhin wurde die freie Länge in Relation zur Greifzone untersucht. Eine Erhöhung der freien Länge von 30 mm auf 50 mm führt zu einer Verminderung des Toleranzkompensationsfeldes. Die ausgleichbare Toleranz vermindert sich hier von 3 mm bei 30 mm freier Länge auf 2 mm bei 50 mm freier Länge. Derselbe Trend ist sowohl bei Fügestrategie II als auch bei den Fügestrategien III und IV zu verfolgen. Die schon in Kapitel 6 für Fügen mit geraden Schläuchen ermittelten freien Längen zwischen 20 mm und 40 mm (Idealzustand) gelten auch hier für die Fügestrategien bzw. das ausgleichbare Toleranzkompensationsfeld als optimal.

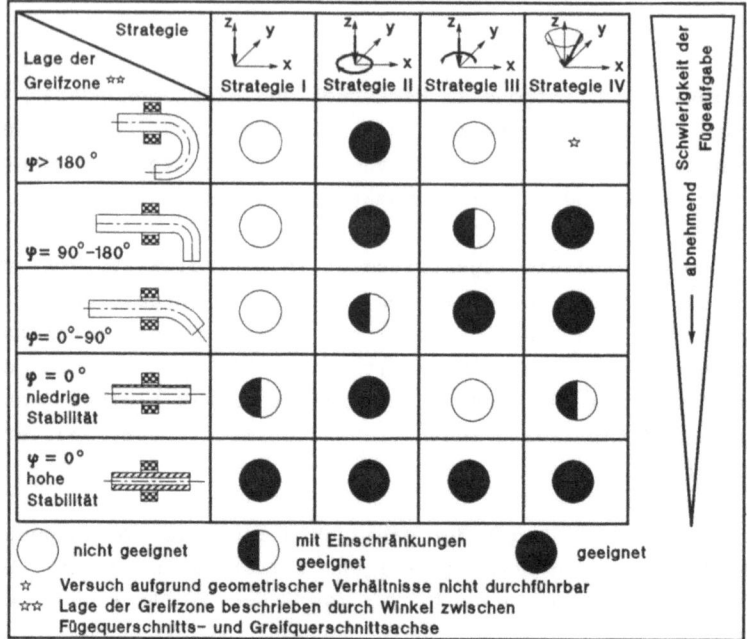

Bild 49: Eignung der Fügestrategien bei besonderen Greifzonen

7.2.1.2 Einfluß der Fügeteilstabilität

Das Verhältnis aus Fügeteilaußendurchmesser d_{aF} und Fügeteilinnendurchmesser d_{iF} ist ein Maß für die Fügeteilstabilität.

Es wurden sowohl ein Fügeteil mit großem Innendurchmesser und kleiner Wandstärke ($d_{aF}/d_{iF} = 1,2$) als auch ein Fügeteil mit kleinem Innendurchmesser und großer Wandstärke ($d_{aF}/d_{iF} = 1,9$) untersucht (Bild 49).

Die Fügestrategien II und IV sind grundsätzlich einsetzbar. Bei Fügestrategie II tritt grundsätzlich ein kreisförmiges Toleranzkompensationsfeld auf. Für Strategie I ist ebenso wie für die Fügestrategie II ein rundes Toleranzkompensationsfeld charakteristisch.

Die Form des Toleranzkompensationsfeldes von Fügestrategie III ist im Gegensatz zu denen anderer Fügestrategien stark vom Durchmesserverhältnis d_{aF}/d_{iF} abhängig. Bei relativ kleinen Verhältnissen ist das Toleranzkompensationsfeld rund und auch wesentlich größer als bei Fügeteilen geringer Fügestabilität. Hier zeigt sich ein sehr kleines elliptisches Toleranzausgleichfeld, dessen kürzere Halbachse in Richtung der Kippbewegung liegt.

Ein anderer Unterschied zeigt sich für die Lage des Toleranzkompensationsfeldes in Bezug auf die Anfahrrichtung bei Fügestrategie IV (Bild 47). Für Fügeteile mit hoher Fügeteilstabilität liegt das Toleranzkompensationsfeld von der Fügeteilachse aus gesehen in Anfahrrichtung, während es für Fügeteile kleiner Fügeteilstabilität in entgegengesetzter Richtung liegt. Dies ist für die zu programmierenden Raumpunkte von großer Wichtigkeit.

Bei Fügestrategie II spielt auch noch das Verhältnis zwischen Translations- und Winkelgeschwindigkeit eine besondere Rolle. Schläuche mit höherer Torsionssteifigkeit sind unempfindlicher gegen hohe Winkelgeschwindigkeiten ($\omega > 6°/s$) als Schläuche mit geringer Torsionssteifigkeit. In Bild 50 ist die ausgleichbare Exzentrizität über der Fügewahrscheinlichkeit aufgetragen.

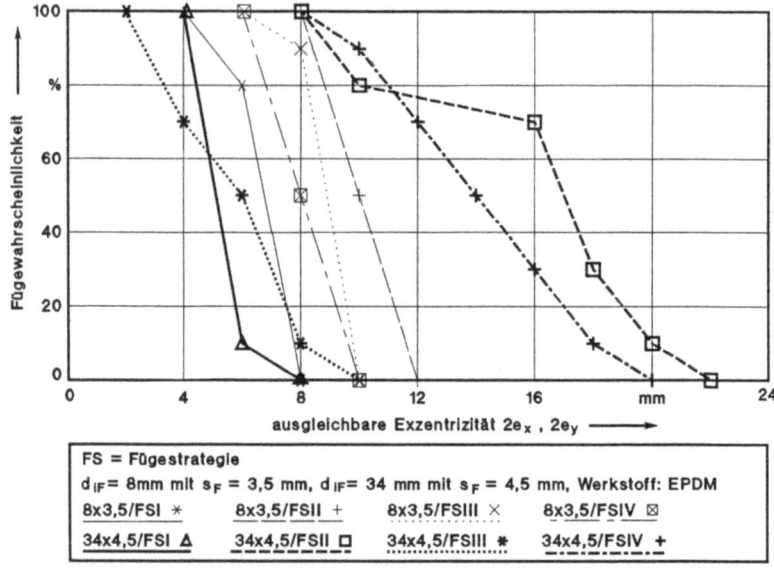

Bild 50: Einfluß der Fügeteilstabilität auf die ausgleichbare Exzentrizität

7.2.1.3 Basisteilgeometrie

Der Einfluß der Basisteilgeometrie auf die ausgleichbare Exzentrität ist in Bild 51 dargestellt. Es wurden dabei sowohl die Form des Basisteils als auch das Pressungsverhältnis variiert. In den Versuchen zeigt sich, daß die Geometrie des Basisteils fast keinen Einfluß auf die Form, aber auf die Größe des Toleranzkompensationsfeldes hat. Dies gilt ebenso bei unterschiedlichen Pressungsverhältnissen. Je nach Verwendung verschiedener Fügestrategien kann sich die Größe des Toleranzkompensationsfeldes um bis zu 30 % verschieben.

Basisteil	Pressungsv. d_{aB}/d_{iF}	best. Formelement	Strategie I	Strategie II	Strategie III	Strategie IV
A-37,5/34,5-6:5-/wv	1,09	Radius	◐	◐	○	●
A-37,5/34,5-2:1-/ka	1,09	Radius	◐	◐	○	●
A-10/8-2:1-/ka	1,25	Radius	●	●	●	●
B-36,5/34,5-5-/ka	1,06	Konus	●	●	◐	●
B-37,5/34,5-2-/ka	1,09	Konus	◐	●	◐	●
B-9/8-4-/ka	1,25	Konus	●	●	●	●
B-10/8-2-/ka	1,25	Konus	●	●	●	●

○ Fügewahrscheinlichkeit 10%-100%, Toleranzausgleichsbereich sehr klein
◐ Fügewahrscheinlichkeit 100%, Toleranzausgleichsbereich 50% vom Optimum
● Fügewahrscheinlichkeit 100%, Toleranzausgleichsbereich optimal

Bild 51: Einfluß der Basisteilgeometrie auf die Auswahl der Fügestrategien

7.2.2 Technologische Einflußgrößen

7.2.2.1 Werkstoff

Die Beeinflussung des Toleranzkompensationsfeldes für unterschiedliche Fügeteilwerkstoffe wurde für PVC, PVC mit Textilverstärkung und Gummi mit Textilverstärkung bei allen 4 Fügestrategien untersucht. Die dabei gewonnenen Ergebnisse sind in Bild 52 zusammengefaßt. Das Toleranzkompensationsfeld bei Fügestrategie II ist weitgehend unabhängig vom Werkstoff, während die Toleranzkompensationsfelder der Fügestrategien I, III und IV sehr stark vom Werkstoff abhängen. Grundsätzlich besitzt Gummi mit Textilverstärkung das kleinste Toleranzkompensationsfeld.

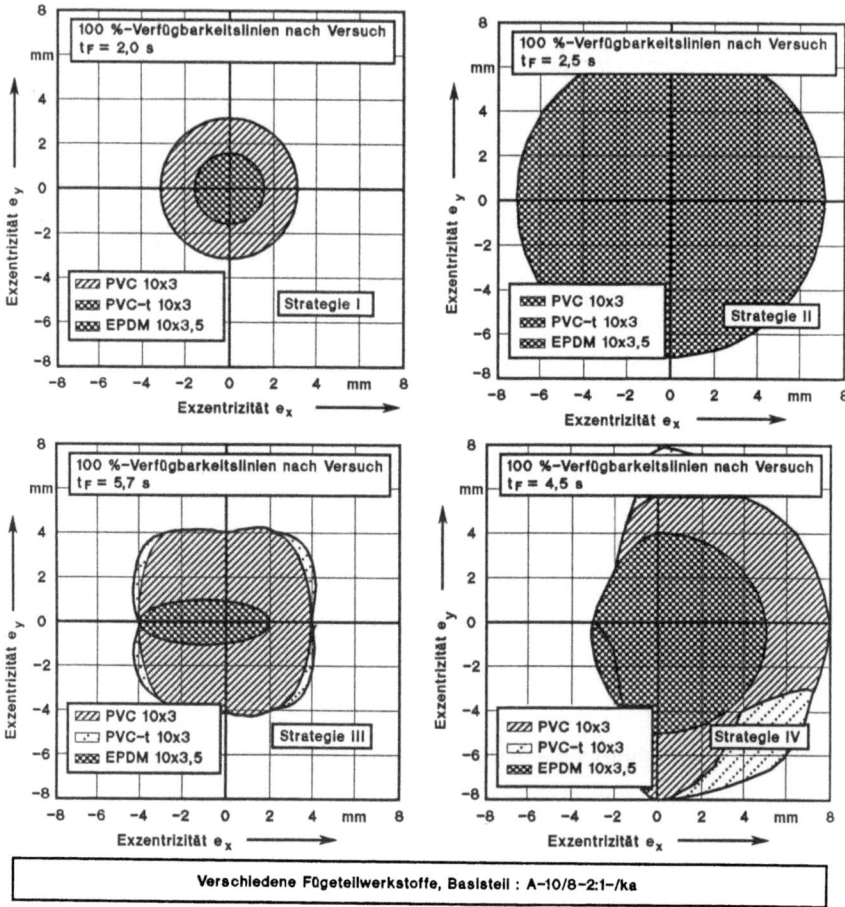

Bild 52: Einfluß des Fügeteilwerkstoffes

Die Toleranzkompensationsfelder von PVC und PVC mit Textilverstärkung bei den Fügestrategien III und IV unterscheiden sich nur wenig in Bezug auf Größe und Form. Hier zeigt sich die größere Toleranzkompensationsfähigkeit der Thermoplaste gegenüber den Elastomeren.

Die unsymmetrischen Formen des Toleranzkompensationsfeldes, besonders bei Strategie IV, werden durch Werkstoffinhomogenitäten und geometrische Toleranzen von Füge- und Basisteil hervorgerufen.

7.2.2.2 Fügegeschwindigkeit (Fügezeit)

Die Größe des Toleranzkompensationsfeldes wird wesentlich von der Fügezeit und damit der programmierten Fügegeschwindigkeit und Beschleunigung des Industrieroboters bestimmt. Sie hat aber keinen Einfluß auf die Form des Toleranzkompensationsfeldes.

Aus meßtechnischen Gründen wurde hier die der Fügegeschwindigkeit proportionale Fügezeit gemessen, da die programmierte Bahngeschwindigkeit des Industrieroboters bei den sehr geringen Raumpunktabständen nicht erreicht wird. Der Industrieroboter befindet sich meist noch in der Beschleunigungs- oder Abbremsphase. Die Fügezeitmessung beginnt 1 mm vor dem Basisteil und endet mit abgeschlossenem Fügevorgang. Die Fügezeiten wurden zwischen 2 s und 200 s variiert. Wie in Bild 53 zu sehen ist, ist das maximal ausgleichbare Toleranzkompensationsfeld für Fügeteile mit geringem Innendurchmesser und großer Wandstärke kleiner als für Fügeteile mit entgegengesetzten Eigenschaften. Einzige Ausnahme bildet hier Fügestrategie III, bei der das Fügeteil geringerer Fügestabilität ein geringeres Toleranzkompensationsfeld besitzt. In Bild 53 ist der Zusammenhang zwischen Fügezeit und kleinstem kompensierbaren Halbmesser des Toleranzkompensationsfeldes (TKF) aufgezeichnet. Es zeigt sich, daß Fügestrategie I für kleine Fügezeiten die gleichen Toleranzkompensationsergebnisse ergibt wie für große Fügezeiten. Bei Fügestrategie II wird ein stetiges Zunehmen der kompensierbaren Halbmesser des Toleranzkompensationsfeldes bis zu einem Knickpunkt beobachtet.

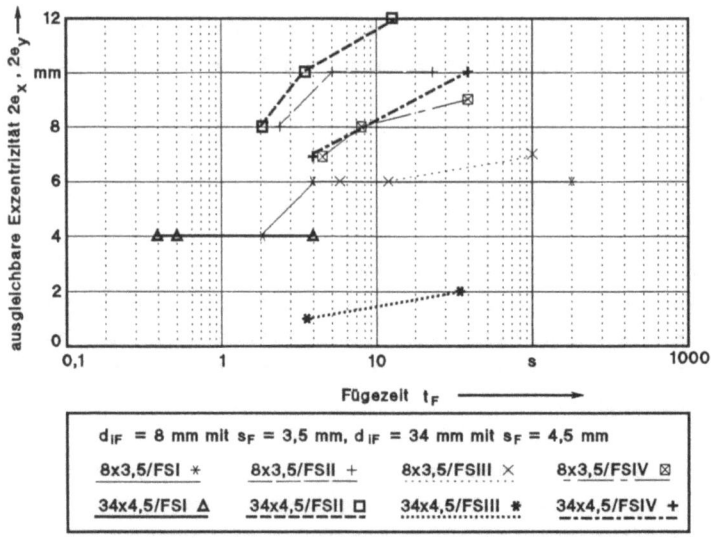

Bild 53: Einfluß der Fügezeit auf die ausgleichbare Exzentrizität

Während bei den Fügeteilen mit kleinerer Fügeteilstabilität die Kurve mit geringer Steigung weiter ansteigt, nimmt bei Fügeteilen mit großer Fügeteilstabilität der kompensierbare Halbmesser nicht zu. Bei Fügestrategie III ist bei beiden Fügeteilstabilitätsarten eine konstante Zunahme des kompensierbaren Halbmessers zu verzeichnen ebenso wie bei der Fügestrategie IV der Fügeteile mit geringer Fügestabilität. Die Fügestrategie IV für Fügeteile mit großer Stabilität verhält sich wie Fügestrategie II bei Fügeteilen geringer Stabilität. Es ist aber für alle Fügestrategien zu sehen, daß Erhöhungen der Fügezeiten auf über 10 s nur in Ausnahmefällen eine Steigerung der Kompensationsfähigkeit bewirkt. Für Fügeteile mit großer und kleiner Stabilität korrelieren die Fügestrategien I, II und IV, während Füge-

Strategie III stark von der Stabilität der Fügeteile abhängt.

Generell muß bei der Wahl der Geschwindigkeitswerte das viskoelastische Verhalten mit einbezogen werden. Dabei ist darauf zu achten, daß nicht zu große Translationsgeschwindigkeiten gewählt werden. Bei Gummi ist sie kleiner 50 mm/s zu wählen, da dieser fast kein viskoelastisches Verhalten aufweist. Weiterhin sind bei problematischen Fügefällen (z.B. Pressungsverhältnis > 1,3) kurze Pausen in den Fügebewegungen einzufügen, um das Fließverhalten des Werkstoffes bei großen Verformungen einzusetzen (siehe Kapitel 4). Damit wird ermöglicht, daß sich die im Werkstoff angesammelte Verformungsenergie durch Entspannen des Fügeteiles entlädt. Dies geschieht durch Gleiten über das Basisteil. Damit kann hier die Verformungsfähigkeit des Werkstoffes Kunststoff zum Erreichen eines guten Fügeergebnisses ausgenutzt werden.

7.2.2.3 Fügekraft

Die Auswahl sowohl des Industrieroboters als auch der am Montagevorgang beteiligten Komponenten hängt stark von der beim Fügevorgang auftretenden Fügekraft ab. Es wurde deshalb die bei allen 4 Fügestrategien auftretenden Fügekräfte in x-, y- und z-Richtung gemessen (für Fügeteile mit großer und kleiner Fügestabilität) und aus diesen 3 Kraftanteilen der resultierende Kraftvektor F_F

$$F_F = \sqrt{F_{Fx}^2 + F_{Fy}^2 + F_{Fz}^2}$$

errechnet. Die Ergebnisse sind in Abhängigkeit sowohl von der Fügezeit (Bild 54) als auch von der Toleranzkompensationsfähigkeit (Bild 55) aufgetragen. Es zeigt sich, daß die Fügestrategie I die größten Fügekräfte besitzt. Eine Ausnahme bildet Fügestrategie IV bei Schläuchen relativ geringer Stabilität, die um 35 % höhere Fügekräfte gegenüber Fügestrategie I aufweist.

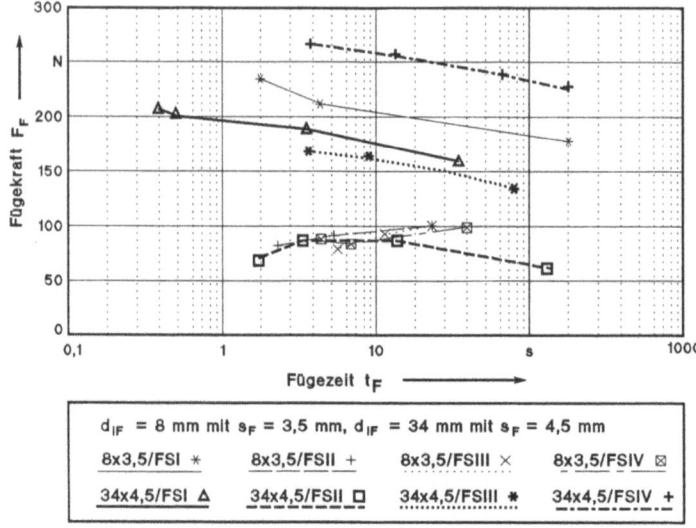

Bild 54: Abhängigkeit der Fügekraft von der Fügezeit

Auffallend ist, daß die Fügestrategien II, III und IV für Schläuche hoher Stabilität fast die gleichen Fügekräfte aufweisen. Diese betragen ungefähr 50 % der Fügekräfte bei Fügestrategie I. Weiterhin ist zu beobachten, daß die Fügezeit nur einen geringen Einfluß auf die Fügekraft hat. In den meisten Fällen ist sogar eine leichte Abnahme der Fügekraft mit steigender Fügezeit zu beobachten. Dies erklärt sich aus den geringer werdenden Stoßeinflüssen beim Fügevorgang. Der Werkstoff der Fügeteile hat hiermit genügend Zeit sich während des Fügevorganges in entsprechender Weise zu verformen. Es kommt zu keinen schlagartigen Energieanstauungen durch Verformung des Werkstoffes bzw. Fügeteils. Daraus ist zu sehen, daß die Berechnung der Fügekräfte, die bisher ausschließlich für Fügestrategie I durchgeführt worden ist (sowohl analytisch als auch mit Hilfe der Finite-Elemente-Methode) zur Abschätzung der Fügekräfte vollkommen ausreicht, da die Fügekräfte bei Fügestrategie I die größten Werte annehmen. Da die berechneten Werte grundsätzlich mit einem Sicherheitsfaktor von ungefähr 1,5 multipliziert werden, ist damit auch die Ausnahme bei Fügestrategie IV entsprechend abgedeckt.

In Bild 55 sind die Kraftverläufe in Abhängigkeit von der untersuchten Exzentrizität dargestellt. Dabei ist ein sehr unsteter aber im Durchschnitt geradliniger Verlauf zu sehen, der aber keinen Schluß auf Zusammenhänge zwischen Exzentrizitäten und Fügekräfte zuläßt. Eine Kraftmessung mit einem auf Dehnmeßstreifenbasis aufbauenden 6-Komponenten-Sensor ist deshalb zur Erkennung und zum anschließenden Ausgleich von Toleranzen nicht geeignet.

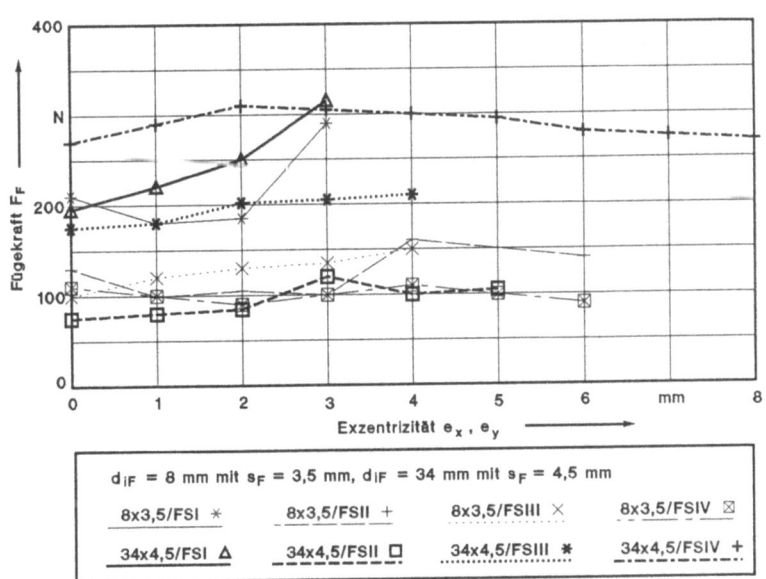

Bild 55: Einfluß der Exzentrizität auf die Fügekraft

Durch Auswertung der Fügekraft- und Fügemomentsignale ist aber eine Erkennung nicht erfolgreich abgeschlossener Fügevorgänge möglich. Diese Sensoren können somit zur Überwachung und Überprüfung des gesamten Fügevorganges eingesetzt werden. Bei unregelmäßigen Signalen ist es deshalb möglich, aufgrund der Meßsignale geeignete Störstrategien einzusetzen.

7.2.3 Einsatz technologischer Hilfen zum Toleranzausgleich

Die Größe des Toleranzkompensationfeldes der einzelnen Fügestrategien kann durch den Einsatz geeigneter technologischer Fügehilfsverfahren weiter gesteigert werden. Dies sind der Einsatz sowohl thermischer Effekte als auch die Anregung von Basis- und/oder Fügeteil durch Schwingungen.

Die Erwärmung des Fügequerschnitts mit anschließender Plastifizierung ist aber nur bei Thermoplasten möglich. Dabei wird das starke Absinken der Festigkeit oberhalb der Glastemperatur ausgenützt. Die geringe Festigkeit der Fügezone erlaubt eine Erhöhung des Toleranzkompensationsfeldes um 15 % - 20 % bei allen Fügestrategien. Dies ist aber nur möglich, wenn die Stabilität des restlichen Fügeteils konstant bleibt, d.h. wenn ausschließlich die Fügequerschnittszone erwärmt wird.

Ein weiteres Verfahren, um das Toleranzkompensationsfeld auszudehnen, ist die Schwingungsanregung von Basis- oder Fügeteilen (vibrationsunterstützes Fügen). Die Schwingungsanregung wird hier auf das Fügeteil übertragen, wobei die in der Steuerung vorhandene Programmierfunktion "Pendeln" zur Anregung des Schlauches eingesetzt werden kann. Die Anregung des Basisteils ist ohne höheren wirtschaftlichen Aufwand in der Praxis nicht einsetzbar, der Einsatz von Vibratoren im Greifer würde zu keinen besseren Fügeergebnissen führen (bei höherem wirtschaftlichem und technischem Aufwand und vergrößertem Greifervolumen).

Es wurde eine Vergrößerung des Toleranzkompensationsfeldes je nach Fügestrategie zwar nur um 5 % bis 20 % erreicht, aber die durch das Pendeln hervorgerufene Mikrobewegungen zwischen Füge- und Basisteil bewirken eine wesentlich höhere Fügewahrscheinlichkeit. Versagensformen wie Einrollen, Knicken, Beulen etc. wurden hier nicht mehr beobachtet. Die Schwingungsunterstützung des Fügevorganges führt deshalb bei allen 4 Fügestrategien zu einem im Gesamten besseren Ergebnis.

7.2.4 Vergleichende Gegenüberstellung der untersuchten Fügestrategien

Die untersuchten Fügestrategien wurden in Bild 56 bewertend gegenübergestellt.

Daraus geht hervor:

- die Fügestrategien II und IV haben die größte Toleranzausgleichsfähigkeit, sowohl in Bezug auf Exzentrizität als auch auf Winkelfehler,
- die notwendige Fügezeit ist bei Fügestrategie I und II am geringsten,
- die Fügestrategien I und II benötigen den kleinsten Fügeraum,
- der Programmieraufwand ist bei den Fügestrategien III und IV am größten.

Es zeigte sich, daß je nach Größe und Art der Einflußparameter auf den Montageprozess, die optimale Fügestrategie ausgewählt werden muß.

Bewertungsparameter / Fügestrategie		Bemerkung		FS I	FS II	FS III	FS IV
minimal ausgleichbare Exzentrizität	mm	$d_{aF}/d_{iF}<1,5$		±2	±4	±1	+1/-6
		$d_{aF}/d_{iF}>1,5$		±2	±4	±3	+1/-6
minimal ausgleichbarer Winkelfehler	°	$d_{aF}/d_{iF}<1,5$		<5	<15	<5	<10
		$d_{aF}/d_{iF}>1,5$		<10	<20	<5	<15
Form Toleranzkompensationsfeld		○ ellipt.	$d_{aF}/d_{iF}<1,5$	●	●	○	◐
		● kreisf.	$d_{aF}/d_{iF}>1,5$	●	●	●	◐
Einfluß Fügeteilsteifigkeit auf Verfügbarkeit		○ stark	$d_{aF}/d_{iF}<1,5$	◐	●	○	◐
		● gering	$d_{aF}/d_{iF}>1,5$	●	●	●	●
Einfluß diverser Basisteilgeometrien auf die Verfügbarkeit		○ stark	$d_{aF}/d_{iF}<1,5$	◐	●	○	●
		● gering	$d_{aF}/d_{iF}>1,5$	●	●	◐	●
Einfluß Lage der Greifzone		○ stark ● gering		○	●	○	●
Einfluß der Werkstoffwahl auf die Verfügbarkeit		○ negativ ● positiv	EPDM-T	◐	●	○	○
			PVC	●	●	●	◐
			PVC-T	◐	●	●	●
relativer Fügekraftaufwand	%	$d_{aF}/d_{iF}<1,5$		100	50	75	100
		$d_{aF}/d_{iF}>1,5$		100	50	50	50
notwendige Fügezeit	s			>1	>2	>4	>4
Anzahl der zu mont. Fügeteilenden >1		● möglich ○ n. mögl.		●	○	●	◐
relativer Fügeraum	%			20	20	75	100
notwendige Anzahl Freiheitsgrade IR	-			1	2	3	6
manueller Programmieraufwand	h			0,5-1	2-4	6-8	6-8

EPDM-t ... Äthylen-Propylen-Kautschuk verstärkt
PVC ... Polyvinylchlorid
PVC-t ... Polyvinylchlorid verstärkt
FS ... Fügestrategie

d_{aF} ... Außendurchmesser Fügeteil
d_{iF} ... Innendurchmesser Fügeteil
IR ... Industrieroboter
soweit nicht anders vermerkt beziehen sich die Versuchsergebnisse auf EPDM-T

Bild 56: Vergleichende Gegenüberstellung der untersuchten Fügestrategien

8 Erprobung im Gesamtsystem

Zur Erprobung der entwickelten Verfahren und der erarbeiteten Konzeptvarianten einer automatischen Montagestation für Schläuche wurde eine Versuchsanlage aufgebaut. Dazu wurde aus den analysierten Montageaufgaben ein repräsentativer Montagequerschnitt ausgewählt. Dieser umfaßt im einzelnen:

- Montage von Schläuchen mit großen Toleranzen,
- Montage unterschiedlicher Fügeteil- und Basisteilgeometrien (auch unterschiedliche Pressungsverhältnisse),
- Montage eines Fügeteils mit drei Fügestellen,
- Montage mit unterschiedlichen Fügerichtungen.

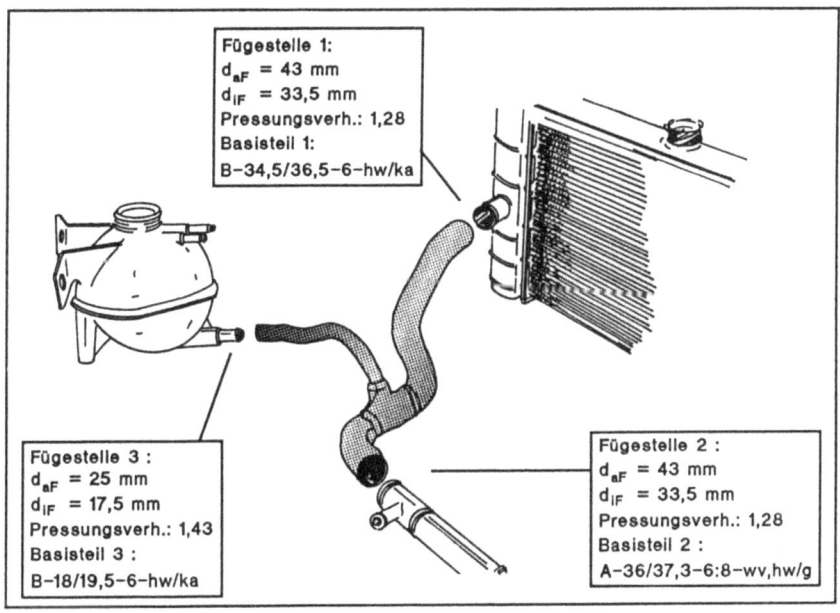

Fügestelle 1:
d_{aF} = 43 mm
d_{iF} = 33,5 mm
Pressungsverh.: 1,28
Basisteil 1:
B-34,5/36,5-6-hw/ka

Fügestelle 3:
d_{aF} = 25 mm
d_{iF} = 17,5 mm
Pressungsverh.: 1,43
Basisteil 3:
B-18/19,5-6-hw/ka

Fügestelle 2:
d_{aF} = 43 mm
d_{iF} = 33,5 mm
Pressungsverh.: 1,28
Basisteil 2:
A-36/37,3-6:8-wv,hw/g

Bild 57: Montageumfang der Montagestation

Die Montage wird beispielhaft an einem Kühlwasserschlauch und den dazugehörigen Basisteilen (Kühler, Ausgleichsbehälter und Ausgleichsrohr) dargestellt, wie dies Bild 57 zeigt.

Die Fügekraft in Richtung des Basisteils wurde nach den in Kapitel 6 aufgezeigten Berechnungsverfahren ermittelt. Sie beträgt 250 N an allen drei Fügestellen. Die Toleranzen zwischen Basis- und Fügeteil betragen:

- Exzentrizität: $e_{x,y}$ = 4 mm - 5 mm,
- Winkelfehler: α = $5°$ - $8°$.

8.1 Aufbau der Montageversuchszelle

8.1.1 Gesamtaufbau

Den Gesamtaufbau der Versuchszelle zur Montage von Schläuchen zeigt Bild 58.

Es wurde darauf geachtet, daß

- alle entwickelten Fügestrategien,
- alle ermittelten Kennfelder für Füge- und Greifparamter

erprobt werden konnten.

Hier soll aufgezeigt werden, daß die an fast idealen Schläuchen ermittelten Eigenschaften und Einsatzgrenzen auch für jede beliebige Schlauchgeometrie gelten.

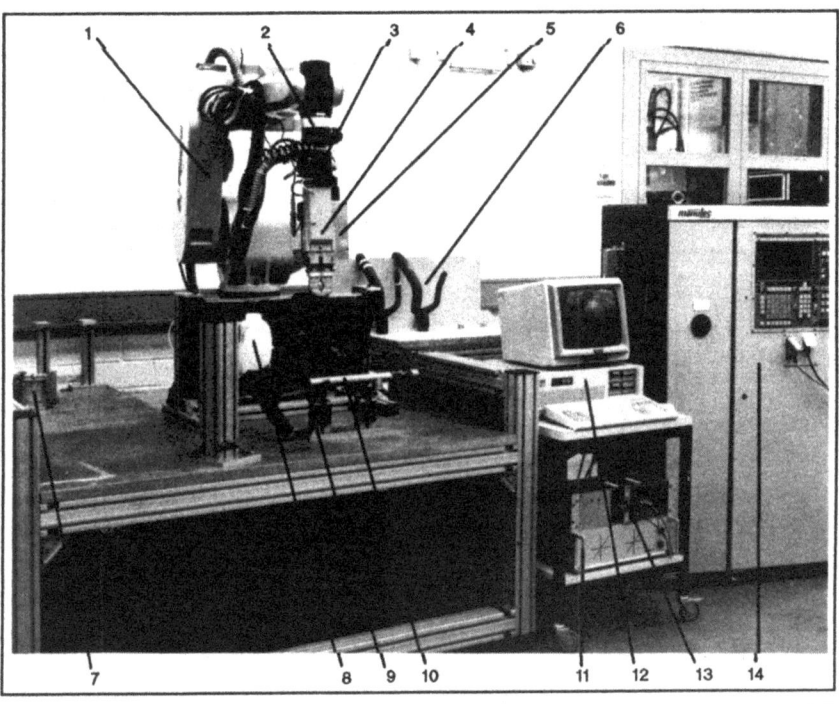

1 Roboter manutec-r15	8 Ausgleichsgefäß (Basisteil 3)
2 Kraft-/Momentenmeßdose	9 Kühler (Basisteil 1)
3 Greiferwechselsystem	10 Rohrbogen (Basisteil 2)
4 Greifer	11 Auswerteeinheit Kraft-/Momentenmeßdose
5 optischer Sensor	12 Sensorrechner (IBM PC-AT)
6 Magazin mit Schlauch	13 Greifersteuerung
7 Greiferbackenwechselsystem	14 Robotersteuerung Siemens RCM 3.2

Bild 58: Aufbau der Versuchsanlage

8.1.2 Teilsysteme

8.1.2.1 Bereitstelleinrichtungen für die Fügeteile

Die Fügeteile werden in einem Magazin, das auswechselbare Elemente besitzt, bereitgestellt (Bild 58). Dies stellt eine besonders preiswerte Lösung dar. Durch prismatisch gestaltete Aufnahmen werden die Toleranzen von Lage und Orientierung der in der Bereitstelleinrichtung geordneten Fügeteile möglichst gering gehalten (Lagetoleranzen < 2 mm, Orientierungstoleranzen < $4°$). Die Sicherung gegen Verschieben in axialer Schlauchrichtung erfolgt durch steckbare Bolzen. Die prismatischen Aufnahmen bzw. die steckbaren Bolzen können bei Umrüsten auf anders gestaltete Schläuche einfach ausgewechselt werden. Weiterhin wurde darauf geachtet, daß das Fügeende, das zuerst gegriffen wird, ein möglichst großer Greifraum umgibt, um

- ein sicheres Greifen an möglichst günstigen Greifflächen zu gewährleisten,
- Kollisionen des Handhabungssystems mit den Magazinelementen zu vermeiden,
- eine möglichst einfache Industrieroboterbahn zur Greifstelle hin zu gewährleisten (zur Taktzeitersparnis).

8.1.2.2 Greifer für Fügeteile

Zum Zuführen der Fügeteile und zur Handhabung der Fügeteile während des Montagevorganges wurde ein frei programmierbarer Scherengreifer entwickelt (Bild 59). Die Schließ- bzw. Öffnungszeit des Greifers beträgt bei einer Öffnungsweite von 50 mm ungefähr 1,5 s. Die mögliche Greifkraft beträgt 250 N.

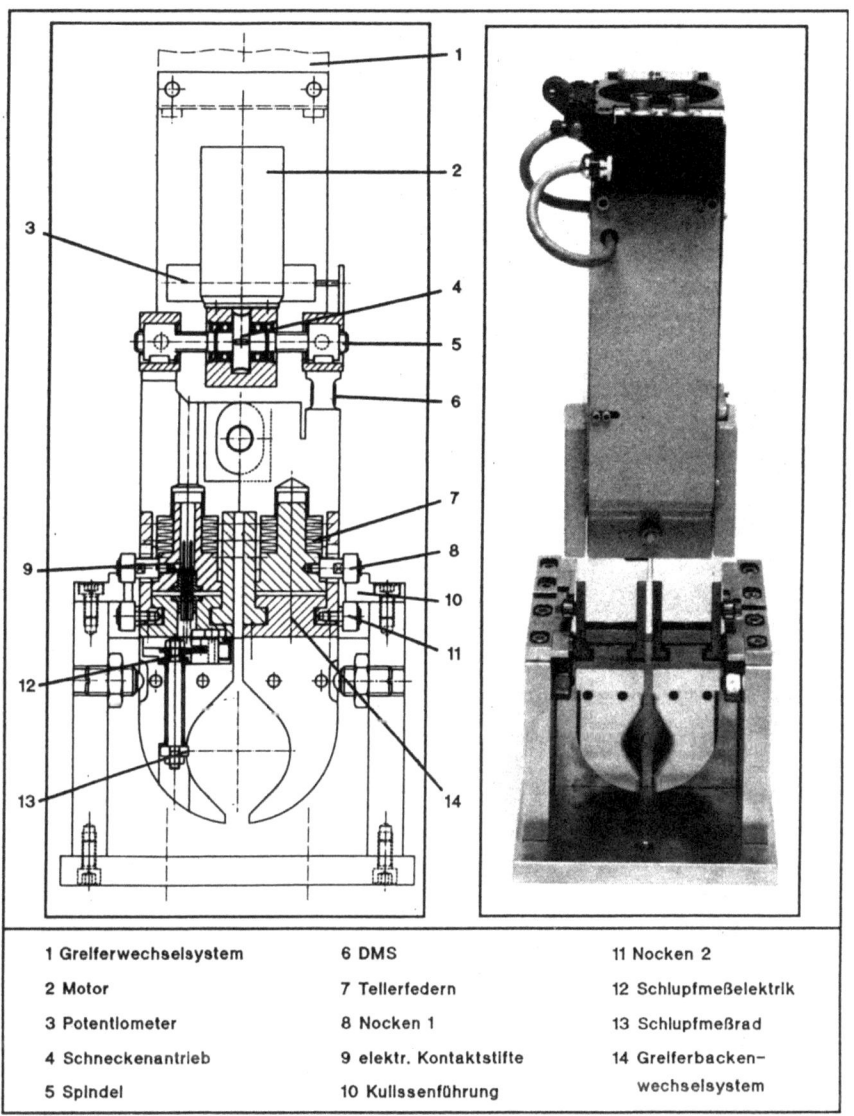

1 Greiferwechselsystem	6 DMS	11 Nocken 2
2 Motor	7 Tellerfedern	12 Schlupfmeßelektrik
3 Potentiometer	8 Nocken 1	13 Schlupfmeßrad
4 Schneckenantrieb	9 elektr. Kontaktstifte	14 Greiferbacken-
5 Spindel	10 Kulissenführung	wechselsystem

<u>Bild 59:</u> Aufbau von Greifer und Greiferbackenwechselsystem

Einstellen und Überwachen der Greiferparameter

Im Greifer sind weiterhin Elemente zur Erfüllung folgender Funktionen integriert:

- Lageregelung,
- Greifkraftregelung,
- Messen der Störgröße Schlupf und Vorgabe dieser Meßgröße als Korrekturwert an die Industrierobotersteuerung zur Korrektur des zu fahrenden Fügeweges x_F.

Das Steuerungskonzept ist dabei aus folgenden Bausteinen aufgebaut:

- Personalcomputer IBM-AT,
- Industrierobotersteuerung Sirotec RCM 3,
- Mikrorechner MINICON-52 der Firma PHYTEC.

Der Lagesollwert der Greiferbacken wird über einen Analogausgang der Industrierobotersteuerung dem Mikrorechner MINOCON-52 vorgegeben. Zur Eingabe der Istwerte und Ausgabe der Stellgrößen stehen je 4 A/D bzw. D/A-Wandler zur Verfügung (Bild 60).

Durch die Lageregelung wird der Soll-Schlauchaußendurchmesser d_{aF} eingestellt. Zur Lageregelung wird eine Regelkarte MANR-24/4K mit PI-Regler der Firma Mattke verwendet. Das Ist-Wegsignal wird über ein Linearpotentiometer aufgenommen und mit einem programmierten Sollwert verglichen, der über einen analogen Ausgang der Industrierobotersteuerung der Regelkarte vorgegeben wird. Ist die Sollposition der Greiferbacken erreicht, wird nun die benötigte Greifkraft, die berechnet wurde, eingestellt. Eine Regelung wird hier benötigt, da durch zu große Toleranzen des Fügeteilaussendurchmessers zu große Schwankungen der Greifkraft auftreten würden, wenn der Greifer nur eine bestimmte Wegstrecke zur Erlangung der Greifkraft zurücklegen würde.

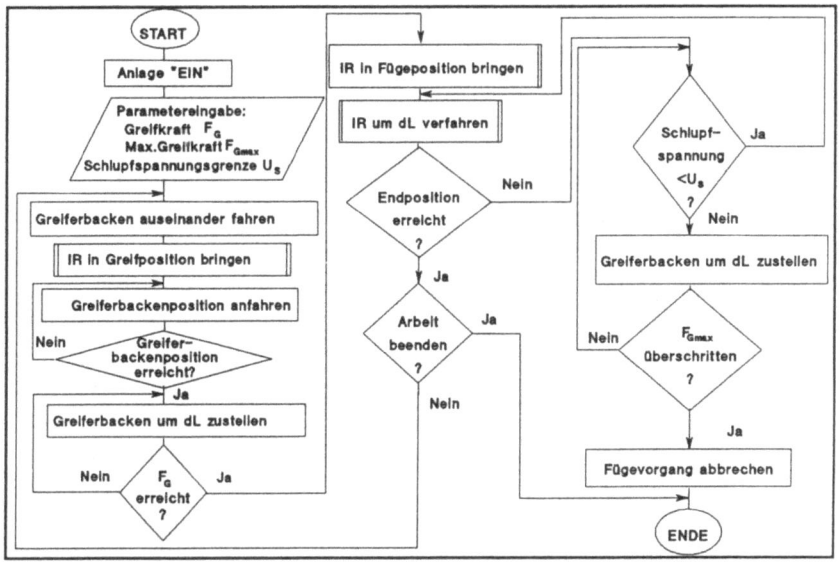
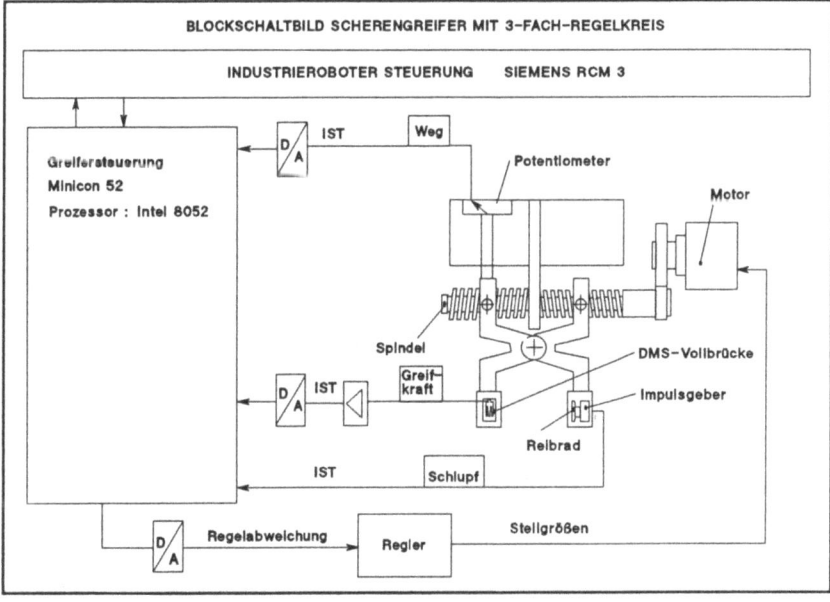

Bild 60: Flußdiagramm und Signalflußplan der Greifersteuerung

Die Ist-Greifkraft wird über Dehnmeßstreifen, die in einer Vollbrückenschaltung verschaltet sind, gemessen. Diese Werte werden über einen A/D-Wandler der Mikroprozessorsteuerung eingegeben und mit dem programmierten Sollwert verglichen.

Durch Einflüsse, wie mit einem Ölfilm beschmutzte Greiferbacken, Staub auf den Greiferbacken etc., kann es während des Fügevorganges zum Schlupf zwischen Fügeteil und Greiferbacken kommen, was zu einer Verschiebung des Fügeteils in den Greiferbacken führt. Nachdem die Sollgreifkraft erreicht wurde, wird abgefragt, ob Signale am Inkrementalgeber anliegen. Sind sie größer als ein vorgegebener Grenzwert (um Störungseinflüsse zu kompensieren), d.h. das Fügeteil bewegt sich in den Greiferbacken, werden die Greiferbacken weiter zugefahren, bis die Bewegung des Reibrades aufhört. Die Greiferbacken werden dabei solange zusammengefahren, bis eine programmierte Maximalgreifkraft F_{Gmax} erreicht ist, um eine Zerstörung der Greiferbacken zu verhindern. Ist die maximal mögliche Greifkraft F_{Gmax} erreicht, werden durch den Rechner Störstrategien aktiviert.

Greifen unterschiedlicher Fügeteilaußendurchmesser

Bei der Bewertung der Konzepte für das Greifen unterschiedlicher Fügeteilaußendurchmesser während eines gesamten Montagevorganges stellte sich heraus, daß das Greiferbackenwechselsystem die größten Vorteile in Bezug auf Flexibilität hat. Bei dem entwickelten Greiferbackenwechselsystem (Bild 57) werden die Greiferbacken mechanisch durch Zwangsführung gelöst bzw. durch Federspannung fixiert. Dabei ist zu beachten, daß der Industrieroboter während des Durchfahrens der Greiferbackenwechselstation die alten Greiferbacken ablegt und neue aufnimmt, was zu einer wesentlichen Verkürzung der Wechselzeit führt. Diese beträgt 2 s gegenüber 6 s bis 8 s bei handelsüblichen Greiferwechselsystemen mit Stillstand des Industrieroboters.

8.1.2.3   Handhabungssystem

Zum Zuführen der Fügeteile und zum Abstützen der auftretenden Fügekräfte und -momente wurde ein Vertikalknickarmroboter R3/15 der Firma Manutec eingesetzt. Der Industrieroboter besitzt 6 Achsen und hat eine maximale Traglast von 150 N. Das maximale Nutzmoment an der 6. Achse beträgt 22 Nm. Die Wiederholgenauigkeit dieses Industrieroboters beträgt $\pm$ 0,1 mm bei einer Bahntreue von $\pm$ 1 mm.

8.1.2.4   Erkennungssystem für Fügeteile mit mehreren Fügeenden

Zur Erkennung des zweiten und dritten Fügeendes wurde ein Laserscanner der Firma Oldelft eingesetzt. Dabei handelt es sich um ein zweidimensional messendes System.

Es werden sowohl geometrische Größen wie der Fügeteilaußendurchmesser, als auch Abstände erfasst. Mit Hilfe einer Ellipsenberechnung wird zweidimensional die Orientierung des Schlauches gemessen (Messen eines Höhenprofiles).

Den Signalflußplan der Kopplung zwischen Laserscanner und Industrierobotersteuerung zeigt Bild 61. Die aufgenommenen Daten werden über eine Sensordatenvorverarbeitung und einen Sensorrechner über IEC-Bus und einem dazugehörigen Interface mit einem Personalcomputer IBM PC AT, der als Sensorprozessor und Schnittstellenumsetzer dient, verbunden. Hier werden die Daten aufbereitet, die Korrekturdaten errechnet und diese wieder über die serielle V24-Schnittstelle mit einem seriellen Eingang der Industrieroboter-Steuerung Siemens Sirotec RCM verbunden. Die Verkettung zwischen Personalcomputer und Industrieroboter-Steuerung geschieht über ein einheitliches Software-Protokoll.

Der Laserscanner wurde hier am Greifer angebracht.

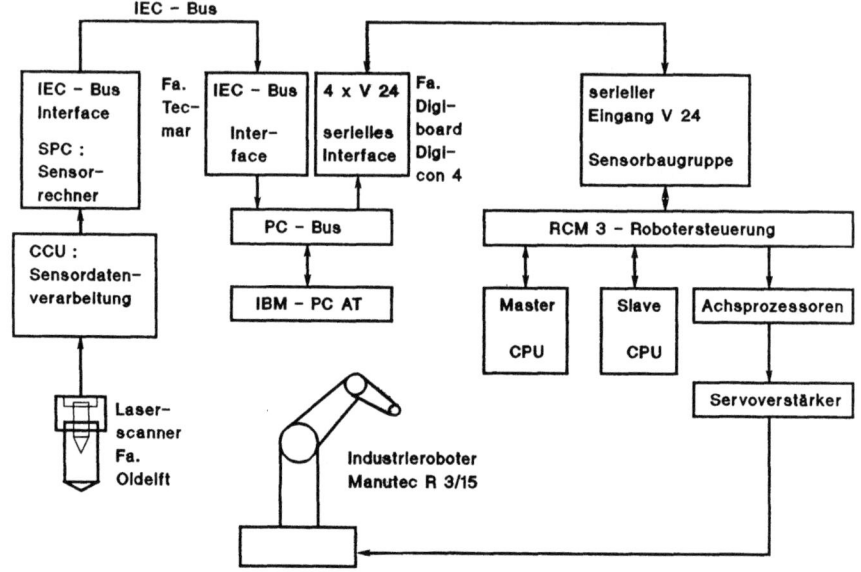

Bild 61: Signalflußplan der Kopplung von Laserscanner, Industrieroboter und Personalcomputer

8.2 Funktionsablauf der Versuchsanlage

Der Montageablauf in der Versuchsanlage erfolgt in folgenden Schritten:

- Aufnehmen des Fügeteils,
- Montieren des ersten Fügeendes (Überwachen des Fügevorganges),
- Prüfen des Fügeergebnisses,
- Erkennen des zweiten Fügeendes mit Hilfe des Lasersensors,

- Greifen des zweiten Schlauchendes,
- Montieren des zweiten Fügeendes des Schlauches (Überwachen des Fügevorganges),
- Prüfen des Fügeergebnisses,
- Erkennen des dritten Fügeendes,
- Greifen des dritten Fügeendes,
- Montieren des dritten Fügeendes (Überwachen des Fügevorganges),
- Prüfen des Fügeergebnisses,
- Rücksetzen der Anlage in den Ausgangszustand.

Die Überwachung des Fügevorganges erfolgt durch einen zwischen Greifer und Greiferwechselsystem angebrachten Sechskomponenten-Kraftmomentensensor der Firma Seitner. Der Gesamtaufbau und der Meßbereich entsprechen dem bereits in Kapitel 6 vorgestellten Sensor.

8.3 Versuchsergebnisse

Mit der Versuchsanlage wurden Dauerversuche mit dem aufgezeigten Montageumfang durchgeführt. Während einer Gesamtdauer von 60 Stunden wurden die Montagezeiten, die auftretenden Fügekräfte und -momente, das Verhalten bei unterschiedlichen Fügestrategien, die Verfügbarkeit des Gesamtsystems und die Tauglichkeit der ausgewählten Sensoren zur Lageerkennung der Schlauchenden systematisch untersucht.

8.3.1 Montagezeiten

Es wurden die Zeitanteile der einzelnen Montagevorgänge ermittelt. Dabei wurde in vier grundsätzliche Gruppen unterschieden:

- Fahrbewegungen (Verfahrzeiten) des Industrieroboters,
- Greifzeiten,

- Fügeprozeßzeiten,
- Zeiten zur Erkennung und zum Greifen der frei im Raum hängenden Fügeteilenden.

Die Ergebnisse sind in Bild 62 dargestellt. Aus den Versuchen ging hervor, daß die Fügestrategie IV beim Fügeende 1 und die Fügestrategie III bei den Enden 2 und 3 das optimale Fügeergebnis erbringen.

Zum Erkennen der Schlauchenden werden durchschnittlich 15 s pro Fügestelle benötigt. Für die einzelnen Arbeitsschritte wurden in Versuchen folgende Werte ermittelt:

- Greifzeit (pro Hub) t_G : 1 s - 1,5 s,
- Greiferbackenwechselzeit t_{GW} : 2 s,
- Erkennungszeit für ein Fügeteilende t_{ES} : 6 s - 10 s,
- Fügezeit für ein Fügeteilende t_F : 4 s - 6 s
  (je nach Fügestrategie).

Schlüsselt man die Gesamttaktzeit der Montageanlage in die oben aufgeführten 4 Hauptanteile auf, so sieht man, daß ungefähr 45 % - 55 % der Gesamttaktzeit für Verfahrvorgänge aufgewendet werden müssen. 25 % der Gesamttaktzeit sind zum Erkennen der Schlauchenden erforderlich und 20 % für die Fügevorgänge.

Ein weiterer wichtiger Punkt ist die Programmierung der Fügestrategien. Hier müssen pro Fügestrategie und Fügepunkt 2 bis 8 Stunden aufgewendet werden.

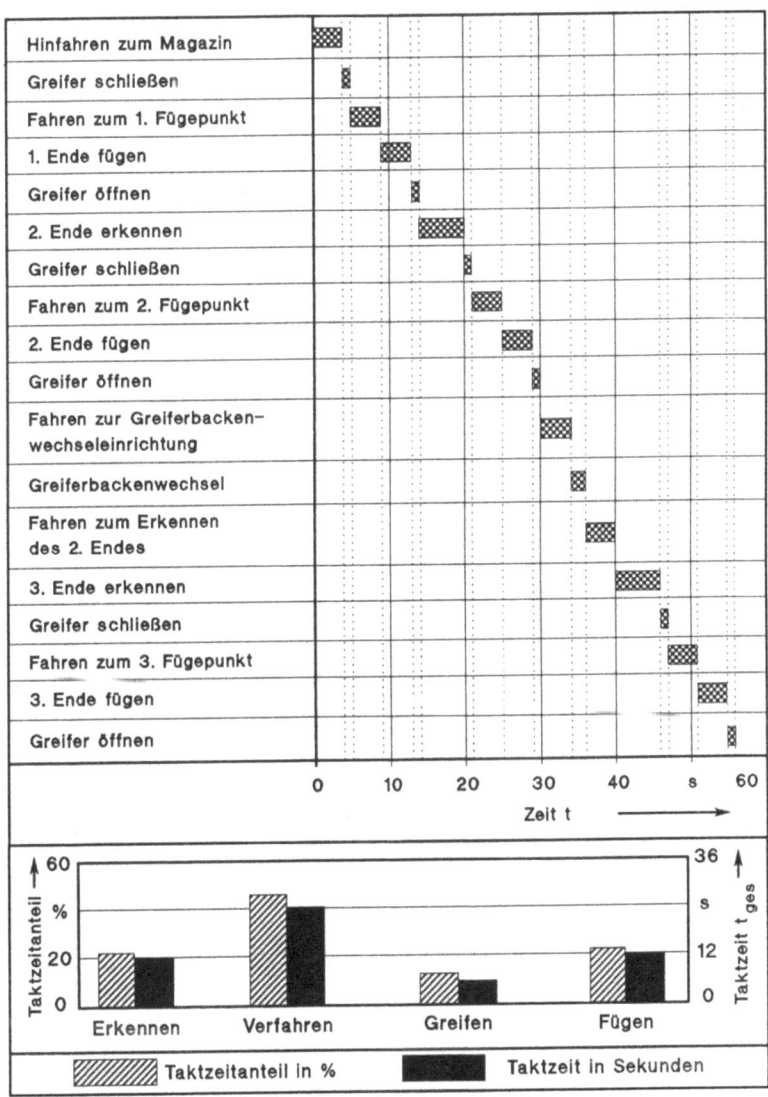

Bild 62: Analyse der Montagezeiten

8.3.2 Fügestrategien, Fügekräfte und -momente

Die bei der Fügestrategie 2 auftretenden Kräfte und Momente sind in Bild 63 zusammengestellt.

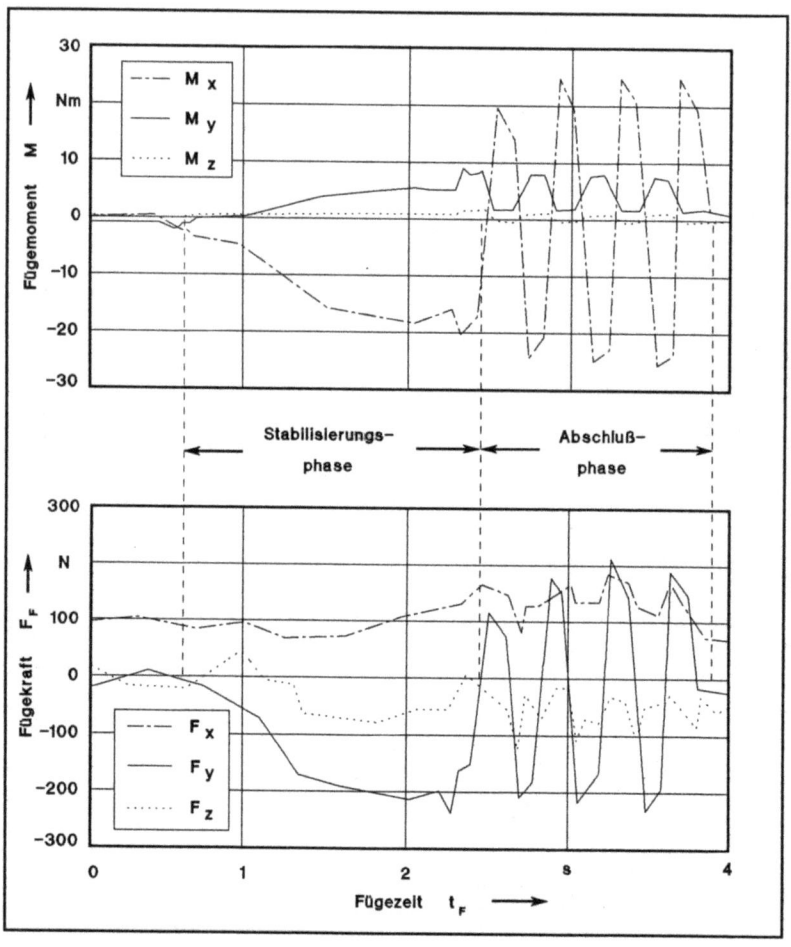

Bild 63: Fügekräfte und -momente bei der Montage des ausgewählten Schlauches

Dabei zeigt sich, daß die Fügekraft F_{FZ} in Fügerichtung der entscheidende Auslegungsparameter ist. Er wurde mit Hilfe der in Kapitel 6 entwickelten Berechnungsverfahren sehr gut abgeschätzt. Gute Ergebnisse der Verfügbarkeit konnten mit Hilfe der schwingenden Bewegung des Industrieroboters durch Pendeln erreicht werden. Dadurch wurden Fehlerquellen wie Einrollen, Einknicken etc. ausgeschaltet und die Verfügbarkeit der Gesamtanlage auf fast 98 % gesteigert.

8.4 Folgerungen aus den Versuchen

Die Versuchssergebnisse zeigen, daß wesentliche Automatisierungshemmnisse für den Einsatz von Industrierobotern zur Montage von biegeschlaffen Hohlzylindern beseitigt werden konnten.

Wesentliche Ziele von Verbesserungsmaßnahmen müssen nun sein:

- Verkürzung der Nebenzeiten, d.h. der Verfahrzeiten des Industrieroboters (höhere Bahngeschwindigkeit, PTP-Geschwindigkeit, Beschleunigung),
- Entwicklung leistungsfähigerer und schnellerer Erkennungssysteme,
- Entwicklung von kleinen und damit leicht in den Greifer zu integrierenden optische Sensoren (kleiner als 60 x 50 x 50 mm),
- Verkürzung des Programmieraufwandes der Fügestrategien durch rechnergestützte Entwicklung.

Auch stört besonders der oft sehr kleine Fügeraum. Ein weiteres Problem stellt sich in der aufwendigen Auslegung der Montagestation, da sehr viele oft gegenläufige Montageparameter ermittelt und aufeinander abgestimmt werden müssen.

9 Zusammenfassung und Ausblick

Die Montage biegeschlaffer Teile wird heute noch weitgehend manuell durchgeführt. Bisher fehlen wissenschaftliche Untersuchungen, um das brachliegende Rationalisierungspotential ausschöpfen zu können.

In der vorliegenden Arbeit werden aufbauend auf einer Analyse der manuellen Montage die wichtigsten Automatisierungshemmnisse bei der Montage biegeschlaffer Schläuche aufgezeigt. Als wesentliche technische Automatisierungshemmnisse erweisen sich die hohe Variantenvielfalt der Werkstücke (besonders hinsichtlich der Form und des Durchmessers), hohe Fügekräfte und -momente, große Werkstücktoleranzen, geringe Kenntnis der Einflußparameter auf den Montageprozeß und die Montage mehrerer Schlauchenden an einem Arbeitsplatz.

Für die Aufgabenstellungen Erkennen und Greifen mehrerer Fügeenden an einem Montagearbeitsplatz, Greifen stark unterschiedlicher Schlauchaußendurchmesser und Abstützen großer Fügekräfte und -momente wurden systematisch Lösungskonzepte für die flexible Automatisierung mit Industrierobotern entwickelt.

Aufbauend auf Vorversuchen wurde in einem ersten Schritt die Theorie des Montageprozesses, bestehend aus Füge- und Greifprozeß, erarbeitet. Die hierfür relevanten Montageparameter, ihre quantitativen Größen und qualitativen Abhängigkeiten, wurden auf einem dafür errichteten Versuchsstand untersucht. Daraus wurden Folgerungen für optimale Montagekennwerte und für die konstruktive Gestaltung der Teilsysteme einer Montagezelle abgeleitet.

Die Untersuchung unterschiedlicher Greiferbackengeometrien ergab, daß sich die prismenförmige Greiferbackengeometrie mit $90°$ Öffnungswinkel und die kammförmige Greiferbackengeometrie am besten zum automatischen Greifen von Schläuchen eignen, während sich runde Greiferbacken nur bei Einsatzfällen besonders eignen, bei denen nicht sich stark unterscheidende Fügeteilaußendurchmesser gegriffen werden müssen.

Als Hilfsmittel zur Planung der Teilsysteme einer Montagezelle werden Berechnungsverfahren zur Ermittlung der wichtigsten Montageparameter und zur Simulation des Montagevorganges vorgestellt. Dabei wurden besonders die Finite-Elemente-Methode untersucht und eingesetzt. Sie ist zur Berechnung der wichtigsten Montageparameter geeignet. Zur Bestimmung einfach zu berechnender Montageparameter wurden analytische Formeln hergeleitet. Sie eignen sich zur einfachen Berechnung der benötigten Fügekraft und der freien Länge. Die Genauigkeit der Ergebnisse beider Berechnungsverfahren ist vollkommen ausreichend zur optimalen Auslegung der Teilsysteme einer automatischen Montagestation für Schläuche.

Zur Beseitigung des wichtigsten Automatisierungshemmnisses, der Toleranzen von Füge- und Basisteil, wurden Verfahren zum Toleranzausgleich entwickelt und untersucht. Es wurde der passive Toleranzausgleich mit Hilfe nachgiebiger Elemente (und hier auch die werkstückintegrierte Nachgiebigkeit) untersucht. Weiterhin wurden 4 Fügestrategien zum Toleranzausgleich entwickelt, die ohne jegliche Sensorik auskommen. Die Einsatzgrenzen der Fügestrategien wurden ermittelt, ebenso die sie bestimmenden optimalen Montageparameter. Es können hiermit Exzentrizitäten bis zu 8 mm und Winkelfehler bis zu $20°$ ausgeglichen werden. Bei der vergleichenden Gegenüberstellung der untersuchten Fügestrategien zeigt sich, daß je nach Montagefall und Montageparametern die optimale Fügestrategie ausgewählt werden muß.

Die entwickelten Verfahren und Konzepte wurden in einer Versuchsanlage an einer ausgewählten Montageaufgabe erprobt. Dabei stellte sich heraus, daß die Fügesysteme zum Toleranzausgleich die Anforderungen voll erfüllen. Weiterhin war es möglich, mit dem entwickelten Konzept zum Erkennen mehrerer Schlauchenden die Machbarkeit nachzuweisen. Es konnten aus den Versuchen Vorschläge zur Verbesserung von Teilsystemen wie Industrieroboter hinsichtlich Geschwindigkeits- und Beschleunigungsverhalten, Sensor hinsichtlich Baugröße etc. überarbeitet werden. Dies schließt Vorschläge zur montagegerechten Gestaltung der Bauteile mit ein.

Unter Berücksichtigung der aufgezeigten Voraussetzungen läßt sich die Montage von Schläuchen durch den Einsatz von Industrierobotern automatisieren. Mit Hilfe der in dieser Arbeit dargestellten Erkenntnisse über den Montageprozess, den Hilfen zur Auslegung einer automatischen Montagestation, den Methoden zum Toleranzausgleich usw., läßt sich sehr einfach das optimale automatische Montagesystem konzipieren.

Durch Entwicklung schnellerer Industrieroboter, kleinerer Sensoren und verbesserter Programmierverfahren ist zukünftig mit einer starken Verbreitung von Industrierobotern in diesem Teilgebiet der Montage zu rechnen.

Schrifttum

/1/ Abele, E. u.a.: Einsatzmöglichkeiten von flexibel automatisierten Montagesystemen in der industriellen Produktion: Montagestudie
Düsseldorf: VDI-Verlag, 1984

/2/ Wollschläger, B.: Bausteine für die automatische Montage und deren Integration in Anlagen.
In: Kolloquium Automatische Produktionssysteme: 14. u. 15. Febr. 1985, München; Entwicklungsstufen flexibel automatisierter Produktionssysteme
München: Technische Universität, 1985

/3/ Schweizer, M.: Durchbruch mit Verspätung
In: Roboter (1987) Nr. 1, S. 24-28

/4/ Malsch, Th.:
Dohse, K.: Bestandsentwicklung und Einsatzschwerpunkte von Industrierobotern im Fahrzeugbau.
In: ZwF 80 (1985) 3, S. 106-108

/5/ Koch, H.C.: Chancen, Risiken und Grenzen der Automatisierung am Beispiel der Automobilindustrie.
In: Strategische Investitionsplanung für neue Technologien.
Hrsg.: Horst Wildemann; Rolf Bühner.
Stgt.: Schäffer, 1986, S. 213-224

/6/ Koch, H.C.:
Gericke, E.:
Produktplanung und Produktionsforschung für die Montage von Automobilen.
In: ZwF 81 (1986) Nr. 4,
S. 180-184

/7/ Milberg, J.:
Maier, Ch.:
Diess, H.:
Flexible Montageautomatisierung im Fahrzeugbau.
In: ZwF 81 (1986) Nr. 4,
S. 185-189

/8/ Walther, J.:
Möglichkeiten und Grenzen der Montageautomatisierung.
VDI-Z 124 (1982) Nr. 22,
S. 853-859

/9/ Riese, K.:
Automatisierte Montage von Klipsen mittels Industrieroboter.
In: Industrieanzeiger 108 (1986) Nr. 47, S. 47, S. 32-33

/10/ Warnecke, H.-J.:
Walther, J.:
Automatisches Schrauben mit Industrierobotern.
In: wt-Z ind. Fertigung 74 (1986)

/11/ Maier, C.:
Ein Beitrag zur flexiblen Automatisierung der Montage unter besonderer Berücksichtigung des Schraubens mit Industrierobotern.
München, Universität, Diss., 1985

/12/ Scholten, R.:
Roboter als "Strippenzieher"
In: Flexible Automation (1986) Nr. 4,
S. 42-44

/13/ Maskow, J.: Automatisierung der Kabelbaummontage.
In: Internationaler Kongreß
Montage-Handhabung-Industrieroboter,
18.-20. April 1985, Hannover,
Veranstalter: Fraunhofer-Institut
für Produktionstechnik und Automatisierung (IPA), Stuttgart,
S. 41-49

/14/ o.V.: Die Halle 54 - eine neue Fertigungsphilosophie, die nicht nur den Automobilbau revolutioniert.
In: Flexible Automation (1984) Nr. 1
S. 23-30 und S. 79

/15/ Walther, J.: Montage großvolumiger Produkte
mit Industrierobotern.
Berlin u.a.: Springer, 1985.
Zugl. Stuttgart,. Universität,
Diss., 1985

/16/ Löhr, H.-G.: Eine Planungsmethode für automatische Montagesysteme.
Mainz: Krausskopf, 1977. Zugl.
Stuttgart, Universität, Diss.,
1976

/17/ o.V.: VDI-Richtlinie 2860, Blatt 1
(Entwurf) Handhabungsfunktionen,
Handhabungseinrichtungen, Begriffe,
Definitionen, Symbole.
Berlin, Köln: Beuth-Verlag 1982

/18/ o.V.: Norm DIN 8593 09/85
Fertigungsverfahren
Berlin, Köln: Beuth-Verlag 1985

/19/ Schweizer, M.: Taktile Sensoren für programmierbare Handhabungsgeräte.
Mainz: Krausskopf, 1978. Zugl. Stuttgart, Universität, Diss., 1978

/20/ Koch, H.-C.: Chancen, Risiken und Grenzen der Automatisierung am Beispiel der Automobilindustrie
In. Kolloquium Automatische Produktionssysteme: 14. u. 15. Feb. 1985, München. Entwicklungsstufen flexibel automatisierter Produktionssysteme.
München: Technische Universität, 1985

/21/ Palm, W.J.:
Tolani, R.:
Automated assembly involving flexible tubes.
In: Manufacturing Systems 13 (1984) Nr. 3, S. 226-231

/22/ Palm, W.J.:
Tolani, R.:
Assembly of products containing flexible tubes.
In: CAM-1. International Spring Seminar May 1983, St. Louis, S. 77-83

/23/ o.V.: Automation speeds exhaust system assembly
In: Assembly Automation 5 (1985) Nr. 2, S. 95-96

/24/ Diess, H.: Automatisierte Montage von Dichtungsprofilen
In: Industrieanzeiger 108 (1986)
Nr. 74, S. 40-41

/25/ Götz, R.: Sensorgeführte Folienmontage mittels Industrieroboter.
In: Industrieanzeiger 108 (1986)
Nr. 77, S. 42-44

/26/ Schlaich, G.: Automan - Eine ernsthafte Konkurrenz zur Hannover-Messe im Bereich Handhabungstechnik (Messebericht)
In: wt-Z. Ind. Fertigung, 75 (1985)
9, S. 531 u. S. 536

/27/ Warnecke, H.-J.: Automatisiert durch Industrieroboter
Schlaich, G.: In: Schweizer Maschinenmarkt (1987)
Nr. 23, S. 72-77

/28/ Gweon, Daegab: Fügen von biegeschlaffen Steckkontakten mit Industrierobotern
Berlin, u.A.: Springer, 1987.
Zugl. Stuttgart, Universität, Diss., 1987

/29/ Frankenhauser, B.: Montage biegeschlaffer Teile mit sensorgeführtem Industrieroboter
In: Industrieanzeiger 107 (1985)
Nr. 81, S. 23-24; (HGF-Kurzberichte; 85/66)

/30/ Schraft, R.D.: Assembly of non-rigid parts with
Walther, J.: sensor controlled industrial robots.
Frankenhauser, B.: In: Proceedings of 7th International
Conference on Assembly Automation,
4-6 February, Zürich, Switzerland /
Ed. by. W. Guttropf, Kempston,
Bedford, England: IFS-Publ.; Berlin
u.a.: Springer, 1986, S. 299-310

/31/ Warnecke, H.-J.: Montage biegeschlaffer Teile mit
Frankenhauser, B.: Industrierobotern
In: wt-Z. ind. Fertigung 76 (1986),
S. 8-11

/32/ Warnecke, H.-J.: New developments in the technology
of automation related joining
processes.
In: CIRP Annals on Manufacturing
Technology 35 (1986) Nr. 2,
S. 453-461

/33/ o.V.: Statistisches Jahrbuch für die
Bundesrepublik Deutschland 1986.
Hrsg.: Statistisches Bundesamt/
Wiesbaden.
Stuttgart u.a.: Kohlhammer, 1987

/34/ Herrmann, G.: Analyse von Handhabungsvorgängen
im Hinblick auf deren Anforderungen
an programmierbare Handhabungsgeräte (PHG) in der Teilefertigung
Stuttgart, Universität, Diss., 1976

/35/ o.V.:   Norm DIN 73 411, 7/79
                  Schläuche für Kühlwasserleitungen;
                  Anforderungen, Maße, Prüfungen,
                  Berlin, Köln: Beuth, 1979

/36/ Schraft, R.D.:   Systematisches Auswählen und
                      Konzipieren von programmierbaren
                      Handhabungsgeräten
                      Mainz: Krausskopf, 1976. Zugl.
                      Stuttgart, Universität, Diss., 1976

/37/ o.V.:   VDI-Richtlinie 2860, Blatt 2,
                  10/82 Montage- und Handhabungs-
                  technik; Handhabungsfunktionen
                  Berlin, Köln: Beuth, 1982

/38/ Erhard, G.: Zum Reibungs- und Verschleißverhalten
                  von Polymerwerkstoffen
                  Karlsruhe, Universität, Diss., 1980

/39/ Kussmaul, K.:   Festigkeitslehre I
                     Vorlesungsmanuskript
                     Universität Stuttgart, 6. Auflage,
                     1982, S. 105

/40/ Whitney, D.H.:   What is a remote center compliance
                      (RCC) and what can it do?
                      In: Robot Sensors Vol. 2,
                      Tactile and Non-Vision, Springer,
                      Berlin 1986

IPA Forschung und Praxis

Schriftenreihe aus dem Institut für Produktionstechnik und Automatisierung, Stuttgart

Herausgeber: Prof. Dr.-Ing. H. J. Warnecke

Datenerfassung im Produktionsbereich
Von E. Bendeich. ISBN 3-7830-0117-8.
1977, 176 Seiten, kartoniert.   54,— DM

Methodenauswahl für die Materialbewirtschaftung in Maschinenbau-Betrieben
Von H. Graf. ISBN 3-7830-0136-6.
1977, 144 Seiten, kartoniert.   54,— DM

Systematische Auswahl von Förderhilfsmitteln für den innerbetrieblichen Materialfluß
Von W. Rau. ISBN 3-7830-0139-0.
1977, 103 Seiten, kartoniert.   40,— DM

Grundlagen zur Planung von Ersatzteilfertigungen
Von E. Schulz. ISBN 3-7830-0138-2.
1977, 98 Seiten, kartoniert.   40,— DM

Rechnerunterstützte Fabrikplanung
Von B. Minten. ISBN 3-7830-0116-1.
1977, 124 Seiten, kartoniert.   38,— DM

Eine Planungsmethode für automatische Montagesysteme
Von H.-G. Löhr. ISBN 3-7830-0120-X.
1977, 108 Seiten, kartoniert.   32,— DM

Planung und Bewertung von Arbeitssystemen in der Montage
Von H. Metzger. ISBN 3-7830-0131-5.
1977, 108 Seiten, kartoniert.   40,— DM

Klassifizierungssystem für Prüfmittel der industriellen Längenprüftechnik
Von R. Czetto. ISBN 3-7830-0144-7.
1978, 181 Seiten, kartoniert.   64,— DM

Rechnerunterstützte Montageplanung
Von O. Hirschbach. ISBN 3-7830-0149-8.
1978, 146 Seiten, kartoniert.   52,— DM

Rechnerunterstützte Entwicklung von Simulationsmodellen für Unternehmensplanspiele
Von A. Moker. ISBN 3-7830-0147-1.
1978, 181 Seiten, kartoniert.   64,— DM

Arbeitsplatzanalysen zur Ermittlung der Einsatzmöglichkeiten und Anforderungen an Industrieroboter
Von G. Herrmann. ISBN 37830-0151-X.
1978, 113 Seiten, kartoniert.   40,— DM

MFSP — Ein Verfahren zur Simulation komplexer Materialflußsysteme
Von G. Stemmer. ISBN 3-7830-0118-8.
1977, 140 Seiten, kartoniert.   60,— DM

Berührungslose Erkennung durch Positionsbestimmung von Objekten durch inkohärent-optische Korrelation
Von M. König. ISBN 3-7830-0137-4.
1977, 110 Seiten, kartoniert.   40,— DM

Auslegung von Störungspuffern in kapitalintensiven Fertigungslinien
Von R. v. Stetten. ISBN 3-7830-0140-4.
1977, 154 Seiten, kartoniert.   56,— DM

Flexible Transportablaufsteuerung
Von G. Römer. ISBN 3-7830-0114-5.
1977, 188 Seiten, kartoniert.   60,— DM

Rechnergestützte Realplanung von Fabrikanlagen
Von T.-K. Sauter. ISBN 3-7830-0119-6.
1977, 108 Seiten, kartoniert.   32,— DM

Systematisches Auswählen und Konzipieren von programmierbaren Handhabungsgeräten
Von R. D. Schraft. ISBN 3-7830-0115-3.
1977, 108 Seiten, kartoniert.   32,— DM

Auslandsproduktion
Von W. Cypris. ISBN 3-7830-0145-5.
1978, 126 Seiten, kartoniert.   42,— DM

Wirtschaftlicher Einsatz von Mehrkoordinatenmeßgeräten
Von M. Dietzsch. ISBN 3-7830-0148-X.
1978, 142 Seiten, kartoniert.   52,— DM

Fertigungssteuerung bei flexiblen Arbeitsstrukturen
Von K.-G. Lederer. ISBN 3-7830-0146-3.
1978, 128 Seiten, kartoniert.   42,— DM

Untersuchungen zum Polieren und Entgraten durch elektrochemisches Oberflächenabtragen
Von K. Zerweck. ISBN 3-7830-0150-1.
1978, 110 Seiten, kartoniert.   40,— DM

Stufenweise Ableitung eines praktischen Planungssystems für den Entwicklungsbereich
Von R. Hichert. ISBN 3-7830-0149-8.
1978, 151 Seiten, kartoniert. 52,— DM

Produktionsplanung mit Auftragsfamilien
Von U. W. Geitner. ISBN 3-7830-0161.7.
1979, 110 Seiten, kartoniert. 45,— DM

Thermisch-chemisches Entgraten
Von T. Wagner. ISBN 3-7830-0164-1.
1979, 111 Seiten, kartoniert. 45,— DM

Untersuchung der Materialflußkosten bei ausgewählten Systemen der Zentralen Arbeitsverteilung
Von R. Wenzel. ISBN 3-7830-0162-5.
1979, 168 Seiten, kartoniert. 86,— DM

Anpassung und Einführung eines Planungssystems für die Ablaufplanung im Konstruktionsbereich
Von W. Dangelmaier. ISBN 3-7830-0163-3.
1979, 168 Seiten, kartoniert. 80,— DM

Längenmessungen an bewegten Teilen mit berührungslos wirkenden Aufnehmern
Von H. Lang. ISBN 3-7830-0157-9.
1979, 89 Seiten, kartoniert. 42,— DM

Untersuchung multistabiler Strömungselemente und ihr Einsatz in sequentiellen Steuerungen
Von A. Ernst. ISBN 3-7830-0157-9.
1979, 122 Seiten, kartoniert. 48,— DM

Taktile Sensoren für programmierbare Handhabungsgeräte
Von M. Schweizer. ISBN 3-7830-0158-7.
1979, 91 Seiten, kartoniert. 42,— DM

Die rechnerunterstützte Prüfplanung
Von P. Bläsing. ISBN 3-7830-0152-8.
1979, 100 Seiten, kartoniert. 44,— DM

Verfahren zur Fabrikplanung im Mensch-Rechner-Dialog am Bildschirm
Von W. Ernst. ISBN 3-7830-0156-0.
1979, 218 Seiten, kartoniert. 72,— DM

Rechnerunterstütztes Verfahren zur Leistungsabstimmung von Mehrmodell-Montagesystemen
Von M. Görke. ISBN 3-7830-0155-2.
1979, 139 Seiten, kartoniert. 50,— DM

Standortbezogene Betriebsmittel
Von G. Pflieger. ISBN 3-7830-0167-6.
1979, 127 Seiten, kartoniert. 52,— DM

Die betriebswirtschaftliche Beurteilung neuer Arbeitsformen
Von B.-H. Zippe. ISBN 3-7830-0168-4.
1979, 350 Seiten, kartoniert. 98,— DM

Untersuchung des Arbeitsverhaltens programmierbarer Handhabungsgeräte
Von B. Brodbeck. ISBN 3-7830-0169-2.
1979, 117 Seiten, kartoniert. 48,— DM

Untersuchung eines kohärent-optischen Verfahrens zur Rauheitsmessung
Von N. Rau. ISBN 3-7830-0174-9.
1979, 117 Seiten, kartoniert. 48,— DM

Entwicklung einer programmierbaren, pneumatischen Steuerung
Von D. Klemenz. ISBN 3-7830-0171-4.
1979, 93 Seiten, kartoniert. 42,— DM

IPA Forschung und Praxis

Berichte aus dem Fraunhofer-Institut für Produktionstechnik und Automatisierung, Stuttgart, und dem Institut für Industrielle Fertigung und Fabrikbetrieb der Universität Stuttgart

Herausgeber: Prof. Dr.-Ing. H. J. Warnecke

Nr.	Titel / Autor	Preis
38	**Arbeitsgangterminierung mit variabel strukturierten Arbeitsplänen – Ein Beitrag zur Fertigungssteuerung flexibler Fertigungssysteme** Von U. Maier. ISBN 3-540-10213-2. 1980, 111 Seiten mit 45 Abbildungen.	43,– DM
39	**Kapazitätsabgleich bei flexiblen Fertigungssystemen** Von P. S. Nieß. ISBN 3-540-10372-4. 1980, 151 Seiten mit 57 Abbildungen.	48,– DM
40	**Schichtdickenverteilung auf galvanisierten Paßteilen am Beispiel kleiner abgesetzter Wellen und Bohrungen** Von D. Wolfhard. ISBN 3-540-10373-2. 1980, 177 Seiten mit 83 Abbildungen.	48,– DM
41	**Planung von Mehrstellenarbeit unter Berücksichtigung von Umfeldaufgaben** Von S. Häußermann. ISBN 3-540-10374-0. 1980, 136 Seiten mit 59 Abbildungen.	48,– DM
42	**Untersuchungen zur Schmierfilmdicke in Druckluftzylindern – Beurteilung der Abstreifwirkung und des Reibungsverhaltens von Pneumatikdichtungen mit Hilfe eines neu entwickelten Schmierfilmdickenmeßverfahrens** Von R. Köhnlechner. ISBN 3-540-10375-9. 1980, 100 Seiten mit 38 Abbildungen und 4 Tabellen.	43,– DM
43	**Typologie zum überbetrieblichen Vergleich von Fertigungssteuerungsverfahren im Maschinenbau** Von G. Rabus. ISBN 3-540-10376-7. 1980, 174 Seiten mit 88 Abbildungen und 21 Tafeln.	48,– DM
44	**System zur Planung des Umlaufbestandes in Betrieben mit Serienfertigung** Von K.-G. Wilhelm. ISBN 3-540-10377-5. 1980, 142 Seiten mit 67 Abbildungen und 15 Tafeln.	48,– DM
45	**Rechnerunterstützte Arbeitsplanerstellung mit Kleinrechnern, dargestellt am Beispiel der Blechbearbeitung** Von W. Hoheisel. ISBN 3-540-10505-0. 1981, 169 Seiten mit 74 Abbildungen.	48,– DM
46	**Beitrag zur Verbesserung der Wirtschaftlichkeit EDV-unterstützter Fertigungssteuerungssysteme durch Schwachstellenanalyse** Von J. Lienert. ISBN 3-540-10506-9. 1981, 148 Seiten mit 37 Abbildungen.	48,– DM
47	**Die Abscheidung von Öl an Entlüftungsöffnungen drucklufttechnischer Anlagen** Von W.-D. Kiessling. ISBN 3-540-10604-9. 1981, 117 Seiten mit 48 Abbildungen und 3 Tabellen.	43,– DM
48	**Dynamische Optimierung technisch-ökonomischer Systeme** Von J. Warschat. ISBN 3-540-10717-7. 1981, 132 Seiten mit 60 Abbildungen.	43,– DM
49	**Bildsensor zur Mustererkennung und Positionsmessung bei programmierbaren Handhabungsgeräten** Von H. Geißelmann. ISBN 3-540-10735-5. 1981, 125 Seiten mit 52 Abbildungen.	43,– DM
50	**Verfügbarkeitsberechnung für komplexe Fertigungseinrichtungen** Von Ekkehard Gericke. ISBN 3-540-10779-7. 1981, 132 Seiten mit 71 Abbildungen.	43,– DM
51	**Materialflußgestaltung in Fertigungssystemen** Von Willi Rößner. ISBN 3-540-10888-2. 1981, 149 Seiten mit 76 Abbildungen.	48,– DM
52	**Beitrag zur Analyse der Auswirkungen der Mikroelektronik, dargestellt am Beispiel der Büromaschinen-Industrie** Von Werner Neubauer. ISBN 3-540-10991-9. 1981, 145 Seiten mit 27 Abbildungen und 47 Tabellen.	43,– DM
53	**Modelle von Informationssystemen zur kurzfristigen Fertigungssteuerung und ihre Gestaltung nach betriebsspezifischen Gesichtspunkten** Von Roland Gentner. ISBN 3-540-10992-7. 1981, 181 Seiten mit 69 Abbildungen und 7 Tabellen.	48,– DM
54	**Entwicklung von Verfahren zur Terminplanung und -steuerung bei flexiblen Montagesystemen** Von Jürgen H. Kölle. ISBN 3-540-11227-8. 1981, 132 Seiten mit 64 Abbildungen und 1 Faltplan.	43,– DM
55	**Arbeits- und Kapazitätsteilung in der Montage** Von Stefan Dittmayer. ISBN 3-540-11228-6. 1981, 124 Seiten und 56 Abbildungen.	43,– DM
56	**Beitrag zur systematischen Planung der Qualitätsprüfung bei Klein- und Mittelserienfertigung** Von Herbert Babic. ISBN 3-540-11325-8 1982, 108 Seiten mit 38 Abbildungen und 7 Tabellen.	53,– DM

57 Methode zur rechnerunterstützten Einsatzplanung von programmierbaren Handhabungsgeräten
Von Uwe Schmidt-Streier. ISBN 3-540-11355-X.
1982, 188 Seiten mit 72 Abbildungen.
53,– DM

58 Werkstoff- und Energiekennwerte industrieller Lackieranlagen, am Beispiel der Automobilindustrie
Von Rainer Manfred Thiel. ISBN 3-540-11356-8.
1982, 116 Seiten mit 59 Abbildungen.
53,– DM

59 Maßnahmen zum Verbessern der pneumatischen Lackzerstäubung – Teilchengrößenbestimmung im Spritzstrahl –
Von Klaus Werner Thomer. ISBN 3-540-11507-2.
1982, 162 Seiten mit 94 Abbildungen und 1 Tabelle.
53,– DM

60 Ermittlung und Bewertung von Rationalisierungsmaßnahmen im Produktionsbereich
Von Jürgen Schilde. ISBN 3-540-11730-X.
1982, 158 Seiten mit 57 Abbildungen.
53,– DM

61 Untersuchung von Verfahren der Reihenfolgeplanung und ihre Anwendung bei Fertigungszellen
Von Mohamed Osman. ISBN 3-540-11747-4.
1982, 124 Seiten mit 32 Abbildungen und 3 Tabellen.
53,– DM

62 Ein Simulationsmodell zur Planung gruppentechnologischer Fertigungszellen
Von Volker Saak. ISBN 3-540-11747-4.
1982, 134 Seiten mit 53 Abbildungen.
53,– DM

63 Verfahren zur technischen Investitionsplanung automatisierter Fertigungsanlagen
Von Günter Vettin. ISBN 3-540-11747-4.
1982, 134 Seiten mit 63 Abbildungen.
53,– DM

64 Pneumatische Sensoren zur prozeßsimultanen Messung des Werkzeugverschleißes und zur Kollisionsvermeidung beim Messerkopffräsen
Von Wolfgang Jentner. ISBN 3-540-11747-4.
1982, 126 Seiten mit 47 Abbildungen und 6 Tabellen.
53,– DM

65 Rechnerunterstützte Gestaltung ortsgebundener Montagearbeitsplätze, dargestellt am Beispiel kleinvolumiger Produkte
Von Eberhard Haller. ISBN 3-540-12015-7.
1982, 130 Seiten mit 43 Abbildungen.
53,– DM

66 Fernsehüberwachung von Schutzgasschweißvorgängen mit abschmelzender Elektrode MIG – MAG
Von Ruprecht Niepold. ISBN 3-540-12181-7.
1983, 178 Seiten mit 73 Abbildungen und 5 Tabellen.
58,– DM

67 Entwicklung flexibler Ordnungssysteme für die Automatisierung der Werkstückhandhabung in der Klein- und Mittelserienfertigung
Von Karl Weiss. ISBN 3-540-12455-1.
1983, 116 Seiten mit 68 Abbildungen.
58,– DM

68 Automatisierte Überwachungsverfahren für Fertigungseinrichtungen mit speicherprogrammierten Steuerungen
Von Werner Eißler. ISBN 3-540-12456-X.
1983, 128 Seiten mit 66 Abbildungen.
58,– DM

69 Prozeßüberwachung beim Galvanoformen
Von Jürgen Wilhelm Böcker. ISBN 3-540-12457-8.
1983, 158 Seiten mit 32 Abbildungen.
58,– DM

70 LAPEX – Ein rechnerunterstütztes Verfahren zur Betriebsmittelzuordnung
Von Stephan Mayer. ISBN 3-540-12490-X.
1983, 162 Seiten mit 34 Abbildungen und 2 Tabellen.
58,– DM

71 Gestaltung eines integrierten Produktionssystems für die Sortenfertigung unter Einsatz der Clusteranalyse
Von Gerald Weber. ISBN 3-540-12650-3.
1983, 194 Seiten mit 54 Abbildungen.
58,– DM

72 Gußputzen mit sensorgeführten, programmierbaren Handhabungsgeräten
Von Eberhard Abele. ISBN 3-540-12651-1.
1983, 133 Seiten mit 66 Abbildungen.
58,– DM

73 Untersuchungen zur Herstellung und zum Einsatz galvanogeformter Erodierelektroden
Von Harald Müller. ISBN 3-540-12822-0.
1983, 148 Seiten mit 78 Abbildungen.
58,– DM

74 Ein Beitrag zur Optimierung der Prozeßführungsstrategien automatisierter Förder- und Materialflußsysteme
Von Hans Steffens. ISBN 3-540-12968-5.
1983. 161 Seiten mit 60 Abbildungen.
58,– DM

75 Entwicklung eines Verfahrens zur wertmäßigen Bestimmung der Produktivität und Wirtschaftlichkeit von Personalentwicklungsmaßnahmen in Arbeitsstrukturen
Von Christian Müller. ISBN 3-540-13041-1.
1983. 129 Seiten mit 34 Abbildungen.
58,– DM

76 Berechnung der Gestaltänderung von Profilen infolge Strahlverschleiß
Von Wolfgang Marx. ISBN 3-540-13054-3.
1983. 121 Seiten mit 58 Abbildungen.
58,– DM

77 Algorithmen zur flexiblen Gestaltung der kurzfristigen Fertigungssteuerung
Von Rudolf E. Scheiber. ISBN 3-540-13500-6.
1984, 150 Seiten mit 73 Abbildungen und 1 Tabelle.
63,– DM

78 Galvanisieren mit moduliertem Strom
Von Jürgen Wolfgang Mann. ISBN 3-540-13733-5.
1984, 145 Seiten und 58 Abbildungen.
63,– DM

79 Fluoreszenzmeßverfahren zur Schmierfilmdickenmessung in Wälzlagern
Von Wolfgang Schmutz. ISBN 3-540-13777-7.
1984, 141 Seiten mit 66 Abbildungen.
63,– DM

IPA-IAO Forschung und Praxis

Berichte aus dem Fraunhofer-Institut für Produktionstechnik und Automatisierung (IPA), Stuttgart, Fraunhofer-Institut für Arbeitswirtschaft und Organisation (IAO), Stuttgart, und Institut für Industrielle Fertigung und Fabrikbetrieb der Universität Stuttgart

Herausgeber: Prof. Dr.-Ing. H. J. Warnecke und Prof. Dr.-Ing. H.-J. Bullinger

---

80	**Flexibilität und Kapazität von Werkstückspeichersystemen** Von Bernhard Graf. ISBN 3-540-13970-2. 1984, 115 Seiten mit 71 Abbildungen.	63,– DM
T1	**Flexible Fertigungssysteme** 17. IPA-Arbeitstagung zusammen mit der 3. Internationalen Konferenz „Flexible Manufacturing Systems (FMS-3)", ISBN 3-540-13807-2. 1984, 249 Seiten mit zahlreichen Abbildungen.	118,– DM
T2	**Integrierte Bürosysteme** 3. IAO-Arbeitstagung. ISBN 3-540-13978-8. 1984, 633 Seiten mit zahlreichen Abbildungen.	168,– DM
81	**Rechnerunterstützte Planung von Montageablaufstrukturen für Erzeugnisse der Serienfertigung** Von Ernst-Dieter Ammer. ISBN 3-540-15056-0. 1985, 120 Seiten mit 1 Faltblatt und 33 Abbildungen.	63,– DM
82	**Flexibilität von personalintensiven Montagesystemen bei Serienfertigung** Von Heinrich Vähning. ISBN 3-540-15093-5. 1985, 152 Seiten mit 49 Abbildungen.	63,– DM
83	**Ordnen von Werkstücken mit programmierbaren Handhabungsgeräten und Werkstückerkennungssensoren** Von Ingo Schmidt. ISBN 3-540-15375-6. 1985, 111 Seiten mit 66 Abbildungen.	63,– DM
84	**Systematische Investitionsplanung** Von Jorge Moser. ISBN 3-540-15370-5. 1985, 190 Seiten mit 69 Abbildungen.	63.– DM
T3	**Montage · Handhabung · Industrieroboter** Internationaler MHI-Kongreß im Rahmen der Hannover-Messe '85. ISBN 3-540-15500-7. 1985, 267 Seiten mit zahlreichen Abbildungen.	128,– DM
85	**Flexible Montagesysteme – Konzeption und Feinplanung durch Kombination von Elementen** Von Peter Konold / Bernd Weller. ISBN 3-540-15606-2. 1985, 162 Seiten mit 71 Abbildungen und 9 Tabellen.	63,– DM
T4	**Menschen · Arbeit · Neue Technologien** 4. IAO-Arbeitstagung zusammen mit der 2. Internationalen Konferenz „Human Factors in Manufacturing". ISBN 3-540-15763-8. 1985, 442 Seiten mit zahlreichen Abbildungen.	168,– DM
86	**Leitstandunterstützte kurzfristige Fertigungssteuerung bei Einzel- und Kleinserienfertigung** Von Lothar Aldinger. ISBN 3-540-15903-7. 1985, 151 Seiten mit 49 Abbildungen und 2 Tabellen.	63,– DM
87	**Bestimmen des Bürstenverhaltens anhand einer Einzelborste** Von Klaus Przyklenk. ISBN 3-540-15956-8. 1985, 117 Seiten mit 74 Abbildungen.	63,– DM
88	**Montage großvolumiger Produkte mit Industrierobotern** Von Jörg Walther. ISBN 3-540-16027-2. 1985, 125 Seiten mit 58 Abbildungen.	63,– DM
89	**Algorithmen und Verfahren zur Erstellung innerbetrieblicher Anordnungspläne** Von Wilhelm Dangelmaier. ISBN 3-540-16144-9. 1986, 268 Seiten mit 79 Abbildungen.	68,– DM
90	**Bewertung der Instandhaltung von Fertigungssystemen in der technischen Investitionsplanung** Von Hagen U. Uetz. ISBN 3-540-16166-X. 1986, 129 Seiten mit 38 Abbildungen.	68,– DM
91	**Entgraten durch Hochdruckwasserstrahlen** Von Manfred Schlatter. ISBN 3-540-16172-4. 1986, 167 Seiten mit 89 Abbildungen und 18 Tabellen.	68,– DM
92	**Werkstückorientierte Verfahrensauswahl zum Gußputzen mit Industrierobotern** Von Wolfgang Sturz. ISBN 3-540-16224-0. 1986, 156 Seiten mit 59 Abbildungen.	68,– DM
93	**Verfahren zur Verringerung von Modell-Mix-Verlusten in Fließmontagen** Von Reinhard Koether. ISBN 3-540-16499-5. 1986, 175 Seiten mit 46 Abbildungen und 1 Tabelle.	68,– DM
94	**Entwicklung und Einsatz eines interaktiven Verfahrens zur Leistungsabstimmung von Montagesystemen** Von Günter Schad. ISBN 3-540-16978-4. 1986, 120 Seiten mit 31 Abbildungen und 1 Tabelle.	68,– DM

95 **Qualifizierung an Industrierobotern**
Von Wolfgang Bachl. ISBN 3-540-17018-9.
1986, 218 Seiten mit 30 Abbildungen. 68,— DM

96 **Rechnersimulation des Beschichtungsprozesses beim Elektrotauchlackieren – Anwendung zum Berechnen des Umgriffs**
Von Otto Baumgärtner. ISBN 3-540-17102-9.
1986, 113 Seiten mit 42 Abbildungen. 68,— DM

97 **Ergonomische Gestaltung von Rotationsstellteilen für grob- und sensomotorische Tätigkeiten**
Von Werner F. Muntzinger. ISBN 3-540-17247-5.
1986, 135 Seiten mit 51 Abbildungen und 33 Tabellen. 68,— DM

98 **Die optische Rauheitsmessung in der Qualitätstechnik**
Von R.-J. Ahlers. ISBN 3-540-17242-4.
1986, 133 Seiten mit 56 Abbildungen und 2 Tabellen. 68,— DM

99 **Maschinelle Spracherkennung zur Verbesserung der Mensch-Maschine-Schnittstelle**
Von Gerhard Rigoll. ISBN 3-540-17350-1.
1986, 134 Seiten mit 55 Abbildungen. 68,— DM

100 **Konzeption und Auswahl modularer Magazinpaletten**
Von Thomas Zipse. ISBN 3-540-17584-9.
1987, 126 Seiten mit 54 Abbildungen. 68,— DM

101 **Anschlüsse an Kupferrohre – Herstellung und Automatisierungsmöglichkeit**
Von Eberhard Rauschnabel. ISBN 3-540-17807-4.
1987, 120 Seiten mit 88 Abbildungen. 68,— DM

102 **Mengen- und ablauforientierte Kapazitätsplanung von Montagesystemen**
Von Hans Sauer. ISBN 3-540-17815-5.
1987, 156 Seiten mit 64 Abbildungen. 68,— DM

103 **Verfahrensinstrumentarium zur Werkstückauswahl und Auslegung von Industrieroboterschweißsystemen**
Von Herbert Gzik. ISBN 3-540-17928-3.
1987, 138 Seiten mit 56 Abbildungen. 68,— DM

104 **Integration von Förder- und Handhabungseinrichtungen**
Von Joachim Schuler. ISBN 3-540-17955-0.
1987, 153 Seiten mit 61 Abbildungen. 68,— DM

105 **Produktionsmengen- und -terminplanung bei mehrstufiger Linienfertigung**
Von H. Kühnle. ISBN 3-540-18038-9.
1987, 124 Seiten mit 25 Abbildungen. 68,— DM

106 **Untersuchung des Plasmaschneidens zum Gußputzen mit Industrierobotern**
Von Jong-Oh Park. ISBN 3-540-18037-0.
1987, 142 Seiten mit 70 Abbildungen. 68,— DM

107 **Fügen von biegeschlaffen Steckkontakten mit Industrierobotern**
Von Daegab Gweon. ISBN 3-540-18134-2.
1987, 115 Seiten mit 13 Abbildungen. 68,— DM

108 **Entwicklung eines biomechanischen Modells des Hand-Arm-Systems**
Von Georgios Tsotsis. ISBN 3-540-18135-0.
1987, 163 Seiten mit 45 Abbildungen. 68,— DM

109 **Ein Beitrag zur Planungssystematik für die automatisierte flexible Blechteilefertigung**
Von Thomas Weber. ISBN 3-540-18136-9.
1987, 149 Seiten mit 56 Abbildungen. 68,— DM

110 **Entwicklung eines Meßverfahrens zur Bestimmung des Positionier- und Orientierungsverhaltens von Industrierobotern**
Von Günter Schiele. ISBN 3-540-18137-7.
1987, 116 Seiten mit 48 Abbildungen. 68,— DM

111 **Schwingungsbelastung beim Arbeiten mit handgeführten, einachsigen Motormähgeräten**
Von Peter Kern. ISBN 3-540-18193-8.
1987, 145 Seiten mit 43 Abbildungen und 5 Tabellen. 68,— DM

112 **Entwicklung eines berührungslosen Tastsystems für den Einsatz an Koordinatenmeßgeräten**
Von Hie-Sik Kim. ISBN 3-540-18578-X.
1987, 111 Seiten mit 62 Abbildungen und 4 Tabellen. 68,— DM

113 **Qualifizierung an Industrierobotern – Ziele, Inhalte und Methoden**
Von Volker Korndörfer. ISBN 3-540-18618-2.
1987, 318 Seiten mit 100 Abbildungen. 68,— DM

114 **Funktional und räumlich variables und modulares Laborgerätesystem**
Von Alfred Mack. ISBN 3-540-18786-3.
1988, 116 Seiten mit 39 Abbildungen. 73,— DM

115 **Produktrecycling im Maschinenbau**
Von Rolf Steinhilper. ISBN 3-540-18849-5.
1988, 167 Seiten mit 50 Abbildungen. 73,— DM

116 **Integration der montagegerechten Produktgestaltung in den Konstruktionsprozeß**
Von Rudolf Bäßler. ISBN 3-540-19058-9.
1988, 133 Seiten mit 49 Abbildungen. 73,— DM

117 **Ein Algorithmus zur kapazitätsorientierten Bildung von Losen**
Von Tilmann Greiner. ISBN 3-540-19300-6.
1988, 135 Seiten mit 37 Abbildungen. 73,— DM

118	**Kabelbaummontage mit Industrierobotern** Von Gerd Schlaich. ISBN 3-540-19301-4. 1988, 131 Seiten mit 62 Abbildungen.	73,— DM
119	**Beitrag zur Verbesserung der Fertigungskostentransparenz bei Großserienfertigung mit Produktvielfalt** Von Albrecht Köhler. ISBN 3-540-19393-6. 1988, 148 Seiten mit 72 Abbildungen.	73,— DM
120	**Entwicklungs- und Planungshilfen zum Aufbau von flexiblen Ordnungssystemen** Von Rainer Schanz. ISBN 3-540-19394-4. 1988, 104 Seiten mit 48 Abbildungen.	73,— DM
121	**Bestücken von Leiterplatten mit Industrierobotern** Von Ernst Wolf. ISBN 3-540-50013-8. 1988, 132 Seiten mit 63 Abbildungen.	73,— DM
122	**Verschleißvorgänge beim Querschneiden dünner Bahnen** Von Thomas Hülsmann. ISBN 3-540-50049-9. 1988, 126 Seiten mit 47 Abbildungen und 5 Tabellen.	73,— DM
123	**Geometrieprüfung in der Fertigungsmeßtechnik mit bildverarbeitenden Systemen** Von Claus P. Keferstein. ISBN 3-540-50050-2. 1988, 128 Seiten mit 53 Abbildungen.	73,— DM
124	**Modulares Simulationsmodell für die Abläufe in verketteten Fertigungszellen mit Industrierobotern** Von Kum-Hoan Kuk. ISBN 3-540-50069-3. 1988, 130 Seiten mit 57 Abbildungen.	73,— DM
125	**Montage von Schläuchen mit Industrierobotern** Von Bruno Frankenhauser. ISBN 3-540-50072-3. 1988, 139 Seiten mit 63 Abbildungen.	73,— DM

Die Bände sind im Erscheinungsjahr und in den folgenden drei Kalenderjahren zu beziehen durch den örtlichen Buchhandel oder durch Lange & Springer, Otto-Suhr-Allee 26-28, 1000 Berlin 10.

MIX
Papier aus verantwortungsvollen Quellen
Paper from responsible sources
FSC® C105338

If you have any concerns about our products,
you can contact us on
ProductSafety@springernature.com

In case Publisher is established outside the EU,
the EU authorized representative is:
**Springer Nature Customer Service Center GmbH
Europaplatz 3, 69115 Heidelberg, Germany**

Printed by Libri Plureos GmbH
in Hamburg, Germany